每天梦想

练 习

吉喆 / 著

中国华侨出版社
北京

人生永远没有太晚的开始，只要心中有梦想。

人生因梦想而充满希望，我们每一个人在每一个阶段都应该有自己的梦想。人有梦想，才有前进的动力，如果没有梦想，人生就没有方向，梦想是人生前行的指路灯。在追寻梦想的路上，我们完全不需要准备，花了一生所追寻的答案，其实都在路上而不在尽头。只要用心聆听、感受，不要害怕成长过程中所带给你的挫折和困难，如果这只是一趟单程旅行，那就勇敢地走下去。一无所知的世界，路途中才会有惊喜，梦想与希望是栖息在灵魂中一种会飞翔的力量。

你和梦想的距离，只隔着每一天、不间断的梦想练习。本书是一本深入意识层面、激发人的潜能，从而发展、完善人自身的书籍。它能够开启你的智慧之门，从意识层面指导你打破陈规、更新思维方式、树立正确的信念、释放你的能量，达到激发你的创造性的目的。有了这种创造力，你才会有不会枯竭的前进动力，才能在曲折中不断前进、不断完善自我、不断改造世界。此外，每一天梦想练习部分我们巧妙地设置成 3 个方面进行：感知、沉思和冥想。虽然练习的内容不尽相同，但是 3 个部分是恒定不变的。这种组合本身就独具一格，但是其逐渐积累起来的正能量效果很明显。

人生是一个拥有无限可能性的命题，我们希望这本书能够至少为你打开其中一扇新窗户，通过梦想练习帮助你挖掘潜在的兴趣和天赋，从而解锁你的第二人生，甚至第百种人生。

目 录
CONTENTS

1

第 8 章

你的世界，终将由你创造

第 1 章

突破思维障碍与边界，用梦想撬动世界

抛弃匮乏思想，发现梦想的痕迹

　　人类历史前进的步伐从未像现在这么大、这么快。过去的 20 年给我们带来了一个新的时代，恰当地打上了信息时代的烙印。计算机、印刷电路板、微芯片、手机等的发明，加上互联网，所有这一切都使其名副其实。新时代也创造了无数走向成功的机会。

　　随巨大的机会而来的是同样巨大的挑战，不付出努力你将一事无成。挡在你面前的重要拦路虎之一就是心力匮乏。这一点至关重要。

　　什么是心力匮乏？这是美国 20 世纪 30 年代大萧条、20 世纪 40 年代和 50 年代闹饥荒时落下的心理和思想状态。这种心理，这种生活取向，导致了心力匮乏的产生：

　　东西永远不够。

　　我不会得到足够的东西。

　　我得到了一点东西，我知足了。

　　没有够用的东西。

　　好事总是轮不到我。

这一代人典型的思想状态从幼年时就产生了。注意：这种思想状态对于渡过饥荒和萧条时期，无论是从心理上还是生理上来说都很重要。

这种思想从各个层面渗透到家庭中，这种思想开始担心不足而不是富足，趋向于失去或害怕而非安全。这种观点直到现在还是深深扎根在这个时代人们的头脑中，这是可以理解的，因为当时要想活下来，抱有这种思想是至关重要的。但是，在他们从生理上活下来的同时，他们在精神上也为自我、为家庭付出了极大的代价。

这种根深蒂固的思想在全世界非常普遍，它有意识或者无意识地被我们的父辈移嫁到我们身上。例如，在出生高峰期出生的人的父母或祖父母的思想至今还在主导着在 1946 — 1964 年期间出生的人。

不管喜欢与否，不管是否意识到，在饥荒时期或者大萧条时期长大的父母在生活中打下了匮乏思想的烙印，并把这种思想传给了孩子们。由于父亲不知道到哪里去弄吃的，不知道到哪里去挣钱养全家，故对传统意义上父亲养家糊口的角色提出了挑战，也对传统意义上母亲营造一个安全舒适的家的角色提出了挑战。孩子们一到体力许可的年龄就辍学去工作，去与无穷无尽的物质匮乏作斗争。

定量配给和崩溃的经济环境更加深了内心的饥荒感，这种饥荒感成为一个时代的特征，到了今天还在与富足的思想做斗争。尽管后来经济稳定、资本增值，但我们的父母还是在我们过大米白面和红烧肉的生活时竭尽全力给我们留下了遗产。不必要的节俭反映了自我否定和缺乏所得，像他们在 20 世纪前半叶常常感到"快没吃的了"一样。

很快到了高出生率者和后高出生率者生活的时代。事实上，过去 40 年一直是极其富足的时期。根据马斯洛的需求层次理论，我们已经在很长时间内满足了食物、房屋、衣服的需求，这些已经不成问题了。在仅仅一代人中，我们实现了从"我能养活我一家人吗"到"我的生活目标是什么"的转变，开始了从"我找得到工作吗"到"我个人喜欢做什么"的转变。

这个时代和这一代人的问题与我们的父母所问的问题大相径庭。我们的父母和祖父母实在是无法回答这些问题，更不用说给他们的孩子们回答了。父亲从十几岁就进厂工作，干了一辈子，如何回答他儿子怎样找到生活激情的问题？母亲 19 岁就与离开中学的第一任男友结婚，她如何教女儿怎样挑选男友？这是提出"生活质量是至关重要的"问题的第一代人，此时生存已不再是他们的主要问题。

富足的思想需要不同的模式、不同的问题和确实不同的答案。

农耕时代，土地决定一切。

工业时代，劳动决定一切。

通讯时代，通讯快的人决定一切。

技术时代，技术决定一切。

信息时代，有自我意识的人决定一切。

很明显，新时代需要新的模式。

然而，由于受到父母根深蒂固的思想的影响，我们很多人仍然还抱着匮乏思想，或者其他同样早期学到的束缚思维模式。这个匮乏思想让我们的父母度过了历史上的一个艰难时期。这是一个在生命本身确实受到威胁时，认识到生存需要的模式。这个模式今天仍然是我们父母的日常思想倾向，所以不可避免地传给了我们每个人。这是一个很久以前管用的旧的模式，现在需要主动地或者无意识地抛弃。

遗憾的是，没有有意识的努力，外界现实对内心世界改变甚微。如果不自我检讨，我们很快就会坠入到从父母那里学来的匮乏思想的泥潭。我们要用新的模式代替旧的匮乏模式——那些认识到遗传给我们的能量和能力的模式。

快餐、快车、更快的联系，如果不理解、不努力去抚平我们父母不顾环境变换保留着的、在我们思想上刻画的烙印，我们还是会感到空虚。如果我们不有意识地关注更重要、更深层次的问题，我们都将成为父母亲在我们儿时设计的模式受害者。让我们来探究：

我的生活是什么？

我为什么在这里？

我想要什么？

我要到哪里去？

我的生活目标是什么？

我喜欢做什么？

工业时代让位于自主生活。我们不要拿着时间表，穿着工作服在工厂外面排队，工业时代已经过去，具有历史意义的"个性"已经进入中心舞台。

计算机使人们能够在家里工作，创造虚拟办公室和自由时间表。我们过去坐在书房或者工作站里，希望自己是某某人，在某个其他的地方，现在不必那样想了。我们的个性品牌有了自己的价值，适当运作，就可按照我们自己的愿望行事。

驱使农业和工业社会前进的专制的中央集权文化已经一去不复返了。现在是我们每一个人动脑筋，抛弃旧的模式、旧的标志，代之以新的有效的行动来打破束缚我们前进的镣铐的时候。

在信息时代，自我信息和自我意识变得至关重要。事实上，具有自我意识是释放你的能量的第一步！

清晰的自我认识，赋予你梦想的火种

意识，或者说自我意识，是在当今社会里顺利航行的一项必要的技巧。随着接触到越来越多的信息，我们在日常生活中对意识的需要变得越来越清楚。意识越多，我们将拥有更多的选择、更多的成功之例、更多的幸福、更多的平衡、更多的财富。我们还可找到更多的出路以走出困境。为了得到这些新的机会，我们需要带着意识进行生活。

一个人创建一个有意识的生活，充分感知自我，意味着追求对我们生活有益的一切事物：我们的目标、梦想、意图、设想和核心价值。

大多数励志书定义的自我认知概念是一个"感觉良好"的描述。但这不是本书要表达的。意识是自我意识，了解自我，不是励志书上典型的严肃讲述的套话。本书不是讲述普遍的世界意识或社会意识。在励志书里面将意识概念或者自我意识概念讲得笼统且没有实际指导作用，都是一些温和的没有任何意义的陈词滥调。本书所讲与之区别开来很重要，因为这一点在这一课和本书的后半部分起着根本性的作用。

创建“可持续变化”，梦想热情不减

为了让我们能在人生中真正得到发展和提高，我们必须创建可持续变化。在太多的情况下，励志书提及了短期变化的环境而没有涉及可持续变化的环境或机会。可持续变化，从定义上来说意味着持续相当长的一段时间，长久不变，而不是你实行了几个星期，又回到旧的无价值的行为模式里去了。

创建可持续变化，是指为创建你后半生的可持续变化提供工具。第一个创建的要点是明白一次变化和二次变化。我们来看一些例子：

首先，我们来分析一下酗酒者最终决定戒酒的事。酗酒者单纯地用意志进行戒酒是进行一次改变——当然值得赞扬。一般来说，值得赞扬的变化、值得认可的变化都是一次变化的例子。

与之相对的是要分析酗酒者从酗酒中得到了什么。他怎样从喝酒中得到实实在在的获益？显然，酗酒者从喝酒中一定能得到好处。要不为什么有人喝呢？

二次变化产生在酗酒者不喝酒之后，开始问首先是什么使他变成了酒鬼，然后他开始思考促使他喝酒的潜在原因。

这些问题往往是这样问出来的：

我为什么喝酒？

我喝酒得到了什么好处？

什么感受使我开始喝酒？

我开始喝酒后发生了什么？

我看到了什么行为方式？

需要应对什么问题？

为什么我受伤害？

为什么这种伤害这么深？

我该怎么办？

需要解决什么问题？

通过做这样的练习，通常在某个见证酗酒者的痛苦和煎熬的人的帮助下，酗酒者才会用新的视觉应对这种挑战。他能够面对这种挑战，从根本上解决问题，而不仅仅是表象的变化模式，这就是二次变化。

这里有另外一个例子：

一个患肥胖症的人感到超重直接影响到了自己的生活，与酗酒者一样，也用意志来节食，降了 5 ~ 10 千克。这种努力同样值得赞扬，也有益健康，但还仅仅处在一次变化阶段。

与之相对应的是一个面对自己的问题。肥胖者发现，压力、食物、情感、爱心、健康在他过度饮食的生活方式中起到什么作用，然后学习新的技巧来应对这种压力，直接解决缺乏自我意识或者自我价值的问题。在这个过程中，这个人认定了过一种更健康的生活方式的价值，停止过度饮食，这就是二次变化。

了解了一次变化和二次变化的差异之后，如果把它应用到生活中去就会带来意想不到的机会。只要有可能，我们极力提倡追求二次变化。

要想解决问题，你需要找到问题的根源，你喝酒、超重或者其他的问题，看看是什么目的所在，或者你至今还坚持早年所做的什么决定。我们对于许多自称酒鬼的人在 10 岁或者 12 岁就开始喝酒感到吃惊。喝酒的感觉很好，因为他们当时认为没有其他的办法来消除那么多的痛苦。作为成年人，则有许多办法来应对那些痛苦，这就是二次改变。

有一个在 10 岁时就决定自谋出路的女性，她说，能够在这么小的年纪就做出这样的决定实在不容易。她付出的代价是巨大的，因为这太不符合生活发展轨迹了。二次变化是你看待这些决定对一个小孩来说是好的，但是对于成年人就不好了。你要学会或者找到一个办法来为自己做一个新的决定，来重新找到适合自己的角色。

然而，我们要明白二次变化的某些方面是独特的。当你着手创建可持续变化时，你可能发现变化太大，以至旧的关系将被彻底打破，甚至消失。戒酒的人对于他的朋友来说仿佛成了另一个人，在无酒精危害的情况下可能与人相处困难；减重的人看起来非常青春靓丽，判若两人。

我们或许可以发现，如果为自己创建了二次变化，自己与他人的关系就变了，曾经在我们生活中不可或缺的人不再互相容忍。认识到在二次变化后，某些从前认为的有益的关系变得不可容忍很重要。因此，在我们把可持续变化付诸行动之前，我要强调反馈和自省。

问自己，你想成为什么样的人

对于我们每一个人来说，设计出我们的梦想生活，有意识地决定自己的价值、信仰、行动和努力方向是很重要的。有了这些之后，我们需要为实现我们自己的梦想、兴趣、价值铺平道路。

自省的过程包括问深刻的问题，探究问题，它帮助我们决定什么是真正对我们最重要的。

问你自己：

我的生活目的是什么？

我的余生怎么办？

我从我的朋友关系得到什么？

我想要当什么样的父母？

我需要幸福吗？

什么能使我幸福？

在我个人生活中什么对我最重要？

什么对于我的心灵重要？

只有花时间努力并有意识地探求明白真正的自我，才会开始转移到没有服务于我们的领域。只有意识到了这些领域，我们才有可能创建可持续变化。

关于每一个人建立自己独特的个性，我们可以思考这两个问题：第一，我怎样相信我现在被感知了；第二，我怎样有意识地喜欢被感知。每一个人实际上都有一次选择，这是一个很有趣的想法。

我们都认定一个重要的暗喻，就是生活中的每一件事情只围绕着两件事转——选择做某一件事，或者选择不做。如果我相信我现在所感知的与我理想中想被感知的不同，那么是什么使我代表着理想的个性，使我在表达我自己，寻求认可？这种个性与表达形式无关，因为我只是有意识地想要变成我想变成的那个人。

换句话说，我们每一个人必须选择有意识地生活，做最真实的自我。

别让"情感取向"杀死梦想

要创建可持续变化，必须明白某些定义，第一个就是情感取向。情感取向的概念在释放你的个人能力中扮演重要的角色。孩童时期的感受是我们的情感取向。我们来了解和分析这个概念是很重要的。

情感取向从孩提时代起就与我们在一起。它们是我们作为成年人要坠入的情感模式，即使我们不再生活在先前唤起它们的外界环境里。虽然我们可能已经学会了成年人的行为举止，但是我们还是有着孩子一样的感受。如果这些感受因为现在发生的某一件事所激发，那么它们对于我们是完全自然的。

我们很难想象可能有其他的感受方式。情感取向——即使在它们不愉快的时候——都使我们感到安全。我们可能不喜欢发生的事情，但是至少我们知道期待什么。比如下面的案例。

孙颖在学校联欢活动中没有表演好，她母亲变得冷淡，失望地退了场。作为成年人，我们可以理解失望是她个人的事情，我们不能去怪她。但孩子们并不明白这一点。孙颖经历了她母亲退场表现出来的冷淡后，一直认为这是她的错。在准备比赛的过程中，她母亲花了大量的时间陪伴她。虽然在陪伴的大多数时间她母亲唠唠叨叨，挑三拣四，实在是不愉快，但还不至于扭头就走。

因为害怕母亲会再也不理自己了，孙颖总是母亲怎么说她就怎么去做。虽然孙颖现在已经记不得童年时期受到的伤害事件，但她记忆中的童年是一种乏味的被动，因为她必须对她那处处追求完美的母亲言听计从。这就是她的"情感取向"——她典型的感觉状态，仅仅是因为她觉得总是这样。

孙颖刚结婚时，她庆幸自己找到了一个与母亲相反的伴侣。她母亲在不高兴时总是变得冷淡、疏远；而她的丈夫王林不高兴时总是暴跳如雷，虽然他粗声大气，但可以沟通，这种伤害对孙颖来说似乎比母亲弃她而去好多了，可是她发现自己还是对于母亲的愠怒有所留恋。她很快坠入她的"情感取向"——郁闷的被动感受深渊。

为了创建可持续变化，我们需要理解有助于我们的感觉状态，了解成为我们绊脚石的感觉状况。理解孩子为长大做些什么假想，对于我们掌握这些假想非常重要，因为这些假想可能成为情感取向的基础。

让我们继续看孙颖的案例。

王林的父母太忙，所以对他十分纵容。他发脾气时，他们总是一味迁就，要什么就给什么。他们没有教会他怎样向父母要东西，要东西也要有一个度。对孩子来说，凡事没有个度是很可怕的。王林在别的孩子不喜欢他的专横行为的时候，不知道怎样去改变。

他于是得出结论，认为自己不是一个好人，认为自己总是没人理。

孙颖在要是事情没做好母亲就不会理她的恐惧中长大，王林在感觉到被人嫌弃中长大。孙颖在王林欺负她时拒绝妥协，这激起了王林儿童时期毫无节制的"情感取向"。在她发怒、哭泣，骂他是个暴躁的家伙时，他感到自己回到了从前。王林认为这是自己的错。期望被孤立，不被理喻，这很痛苦，但是回到他的情感取向的状态中又使王林心神愉悦，无法拒绝。

像大多数夫妻一样，孙颖和王林双方都被自己的痛苦所吸引。这是可以预料的。为什么？因为如果在不熟悉的快乐和熟悉的痛苦之间做一个选择，我们大多数人会选择后者。"熟悉"给我们一种安全感。如果你认识某个人，觉得这人与你小时候一样差劲，那么你相信你们是天生的一对。

再来看一个创作者情感取向的例子。他在创作的过程中，遇到了许多有趣的、不同寻常的感情。在他要表达创作的观点时，他发现情感取向这一点几乎使他陷入无处下手的境地。因此，他感到有点迷乱，无法继续写下去。

他问自己：

父母亲读到这本书会怎么说？

如果自己曝光太多会怎样？

这样做有意义吗？

读者认为这本书有意义吗？

非常强烈的、莫名其妙的感觉几乎使他停止了写作。其实，这是他小时候的情感取向在作怪。在他五六岁的时候，他是一个身材修长、充满活力的孩子。他喜欢提问，在很小的时候他就能够清晰地表达自己的思想。

他是家里的老大，父亲在外工作时，他负责看家，要负责照看妹妹和两个弟弟，这要求他要担当起男人的角色，而且是管理者的角色。他本不可以那样成为中心人物的，他本不应该拿着麦克风，或者表演，或者表现自己，但他不得不这样，因为他得帮助妈妈。

他时刻提醒自己，作为家里的男人，要保持安静，举止要规矩。但他感到父母亲对他几乎视而不见，因为他们从来没有问过他对事情的看法。他只是在那里竭力维持秩序。如果他高声或说话太多，就会受到告诫："做个乖孩子，安静，做你该做的事情，做你要做的事情，别给妈妈添乱。"他会把房子收拾得干干净净，免得爸爸回来时责备他。

在他要表达自己的想法和观点时，在他要说出内心的话，讲真话的时候，创作就具有挑战性了。在他写下这些话时，需要安静、不想引起冲突、不说真话的感受就成为他的情感取向。这种感受作为一个 5 岁的孩子求得生存是适宜的，但是作为成年人却不好受。

不能表达自己真实的想法，为了获得父母的认可必须说谎话，这就是这个作者的情感取向。情感取向一旦被找到，人们就可以从中得到一些启发，回到其最早的记忆里去，在那种情感状态下度过一点时间，认识到那种情况不会再来。这使作者认识到他不想被那种情况或那种情感取向左右，他不想有一个障碍阻挡他说出他的真话。他知道如果他对那种旧的情感取向置之不理，他就会失去孩子般的快乐或者返回到儿时说真话的他——那个父母亲都不喜欢的我。

作者不得不哀悼失去的东西，并最终明白自己经历了一种"遗弃"——父母亲不是我所希望要的父母亲。他不得不承认，在被遗弃的基础上，他做出了某些决定，相信自己是孤独的。作者认为他不能相信别人，别人也不想听他说真话。

因为他没有听到有人说："好啊，好啊，请把你的真心话说出来。"

绝大多数孩子都遇到过愿望没有实现的事情，特别是在过渡和独立阶段，孩子开始明白他们不是自己希望要的父母。虽然我们大多数人很聪明，到了成年就知道了这一点，但是，在孩子的眼里，父母是孩子的全部生活，作为孩子，他不可能明白与父母亲疏远的真正含义。所以，对孩子而言，经历一种遗弃就自然而然地成为他最终成熟过程的一部分。

这样说并不是想责备父母，而是想让别人了解情感取向是怎样形成的，而父母在孩子形成情感取向的过程中起了怎样的作用。

一旦明白了你的情感取向，你能够自我检验，问自己：这个看法对我现在有用吗？这是现实，当我是一个小孩子时认为有用而现在不再有用的某个东西？你会明白，是那个情感取向释放了你的能量。

在这个新的时代，我们都需要新的感知水平——感知过去，明白现在，清晰地看到未来。

每一天梦想练习

›感 知

就像一颗流星，划过冬日夜空，璀璨的影像让人叹为观止，但终究只是转瞬即逝。

›沉 思

我能改变自己的命运吗？我很想知道自己的一生还剩下多少岁月。

›冥 想

在集中注意力的同时，完全放松身心。值得提醒的是：不能过于专注于集中注意力，否则会不知不觉在体内形成一种压力，使身心处于难以察觉的紧绷状态。训练头脑专注是一件很困难的事，对于任何发生在头脑中的事情，不再采取漠不关心的观照态度，试着将之轻轻甩掉。随着冥想的深入，脑海中会浮现出好像很重要的事情，要你去思索。这是思维的小把戏，应加以警惕，不能真的停下来开始考虑。随着冥想持续的时间逐渐延长，你可能会听到奇怪的声音，看到稀奇古怪的景象。不要担心，碰到这种情况时，将注意力重新回到体位、呼吸上，睁开眼睛，深呼吸几次，各种奇特的影像就消失了。很多人在练习过程中都会遇到这类状况，不是什么大不了的事，无须担心。当然，如果把这看做是练习进展的迹象而不断尝试重现声音、画面，甚至开始宣讲、传教，就大错特错了。本来无足轻重的事情会成为冥想进展的绊脚石，注意力应集中于体位、呼吸、腹腔神经丛，其他事情都应被抛到九霄云外。

· 唤醒沉睡的灵魂 ·

›感 知

　　活着的时候追名逐利；离开人世的时候，却两手空空——没权没钱，也没有大彻大悟，就这样稀里糊涂地进入了另一个世界。

›沉 思

　　人们常说：金子般的心灵。多么有趣的表述啊！金子冰冷又沉重，正像我的心，麻木、迟钝又负累重重。我要怎么做，才能让心中的冰雪融化，将负担抛在身后，在人生的道路上，重新一身轻松地出发呢？而且，我能够鼓足勇气，把心中的喜怒哀乐都释放出来吗？

›冥 想

　　3个回合的深呼吸，然后将注意力集中于鼻尖部位。确实，训练头脑专注是一件很困难的事，因为它会不断地反抗，不断地回到旧习性。你把它拉回来，它又再度逃开；你再把它带回你专注的主题上，然后突然间你发现自己正在想别的事情：你已经忘了你要专注的事。总而言之，难以把握其转动的轨迹。

·直面虚无，不再逃避·

›感 知

当不再需要逃避的时候，我们才能够真正跳离超脱出来。

›沉 思

感觉空虚是一件很可怕的事。生活失去了重心、方向，一筹莫展，只好选择逃避、远离。如何缓解这种不舒适的感觉？如何填充这种空白、虚无呢？

›冥 想

冥想过程中需要注意：背部始终保持挺直，不能下塌。正确的体位可促进积极的冥想，产生源源不断的能量。盆骨向前凸，保持脊柱部位自然向内曲。脊柱腰椎以下部位千万不可下塌。记住，开始每节练习前都要进行3个回合的呼吸，然后将气体吸向腹腔至整个身体内部。注意每一次呼气和吸气，但不要刻意做深呼吸。感觉气流充斥身体，刺激内心，焕发体内新的能量。手心向上，手臂、肩部保持放松，垂于腿部，脊柱自然向内弯曲。肩部、腿部肌肉略感紧绷，维持脊柱的位置。如果能够学会把盆骨向前送出，也就再无须用力维持姿势。今天，心中仍然是充满空洞、虚无，不过只是在潜意识里漂浮，若有若无。

·简化生活，给梦想腾出空间·

›感 知

一结复一结，缠绕反复，愈来愈长。

›沉 思

事情纷繁杂乱、错综复杂，有什么办法可以简化一些鸡毛蒜皮的小事吗？我为之费尽心思，光阴如流水般逝去，生活却仍然是一团糟，几乎让我窒息，不是吗？也许是该腾出些空间了。

›冥 想

眼睛闭合、张开均可。张开眼睛时，最好是半睁，也可以完全睁开，盯住前面 1 米左右的地方。目光应聚合集中，不要散乱飘忽。坐在椅子上练习时，双脚平放于地，大腿与地面平行，双膝盖与盆骨平齐。采取坐式冥想时，如果姿势没有调整到位，会引起后背、膝盖疼痛。即使感觉不适或不自然时，也不能很快放弃，否则不能从中获益。另外，关于练习中的剧痛，一定要以温和的方式克服。假如疼痛不能慢慢舒缓消失时，就需要对身体的姿势做出相应的改变和调整了。随着时间的推移，你不会再感觉到疼痛；身体的伤痛、心理的恐惧也就迎刃而解了。今天的冥想任务就是控制身体的姿势、冥想的对象和呼吸。与此同时，背部或腿部的疼痛可能会不断发生，细心留意疼痛对精神和心念的影响。

· 找到开启梦想之门的钥匙 ·

> 感 知

你的秘密钥匙潜藏于内心深处。

> 沉 思

我能想象有一把神秘的钥匙，可以打开一扇大门，拥抱光明，远离尘世喧嚣、纷争，将久久困扰自己的悲伤困苦、烦恼忧愁全部抛到九霄云外。要付出多少才能得到这样一把神奇的钥匙呢？或许要不惜一切？

> 冥 想

今天将注意力集中于体位、腹腔神经丛、呼吸的同时，潜意识中保持一种渺小、卑微的感觉。有某个片刻相信自己与大街上任何一位路人一样平凡无奇，无论是达官显贵还是贫民乞丐，你与他们无尊贵卑贱之分。

·质疑未曾体验过的事情·

›感知

除非耳闻目睹，亲自体验过，否则对任何事都应持有质疑。

›沉思

从内心对一件事生出怀疑的时候，是不是大脑下意识地在保护我呢？但是如果我已经亲眼看见而仍然不相信，大脑是不是就在保护它自己呢？现在我将以一个旁观者而不是参与者的身份，以客观领悟而不是主观判断的方式从多个角度分析这个事情。

›冥想

进行鼻尖专注力的练习：在吸气时注意气流轻轻穿过鼻腔内壁。平静地呼吸，注意力集中于气流和鼻腔内壁碰触的部位。感觉气的流动，聆听呼吸的声音，这两点非常重要。呼气应畅顺而轻柔，确保已从肺部呼出了最大量的空气，慢慢吐出吸入的每一口气。大脑保持敏锐的警觉性，感觉到气流的吸进、呼出，但是不应匆忙或使劲，更不要让无关紧要的思绪出现，产生干扰。

· 勇于探索未知世界 ·

› 感 知

世界消失了，眼前一片黑暗；天堂消失了，就失去了光明。

› 沉 思

一片未知的世界隐藏于可知的现实背后，我有足够的勇气纵身跃入其中吗？我的安全感大多来自对事实的掌握和了解。但是，这种了解和我脑海中的幻象一样，都不会持久。随着时间流逝，就会失去效力。我能够不理会这尘世，也暂时忘却天堂，活在无知的黑暗中吗？除非是精神世界真正的胜利者，否则，我们凡夫俗子如何有这种敏感的知觉试图去探索自己的生命以外的东西？

› 冥 想

继续进行鼻尖专注力的练习。

· 以变化的眼光看待世界 ·

› 感 知

　　知道自己无知，并放之任之，不采取任何措施。

› 沉 思

　　对我来说，当我对一件事非常确定时，这件事一定是不会变化的。如果它开始变动，那么我就又不了解它了；但是，如果它一直静止不动，显然，已经"死"了，生命不再。此时此刻，我知道，这种知觉是不可能用言语解释的；因为时间如白驹过隙，眼前的这个片刻眨眼间就成了过去，而我的知觉也是转瞬即逝的，两者均处于不断地变化中。有没有可能让我知道哪些是没有发生变动的呢？我只能是我，暂时没有办法知道。

› 冥 想

　　沉浸于无尽的意念一段时间后，你可能会注意到意念无比地接近于无边的空间，两者似乎都立足于另外的事物，并不是完全静寂无声、和平安宁的。将注意力集中于无尽的意念。

· 生命是一场永不停息的探索 ·

›感知

翻山越岭，穿越层层迷雾。

›沉思

我不断告诫自己并使自己相信：美好的事物就在前方不远处，我的梦想之地一定是下一个山峰。可是每当我经过千辛万苦到达顶峰后，放眼远观，四周烟雾缭绕，隐约可见的总是"下一座"山顶。于是感到迷茫和惆怅，我要找的是什么？从何时开始如此漫漫的求索？是不是受到内心欲望的驱使，一时兴起还是出于好奇心？无论如何，去探求的决心都来势汹汹，具有不可抵抗的力量。好像命中注定一样，我别无选择。

›冥想

先进行 3 个回合的例行呼吸。注意力的集中部位不是腹腔神经丛，而是鼻尖。吸气时，气流经由鼻尖内壁穿过鼻腔进入身体，吸气时注意该部位，呼气时放松。轻松地自然呼吸，不要刻意做深呼吸。现在注意力的中心已发生转移，鼻尖代替腹腔神经丛成为专注力新的焦点。不过，可能你的意识会不断倾向于将注意力回归到腹腔神经丛，如果真是这样，也不要勉强，跟随自己的觉知和意念而转动思绪。

第 2 章

寻找改变你的核心力量，
推动梦想崛起

认识核心价值，找出你不可摧毁的本质

　　为了找到幸福、平衡、财富，实现梦想。我们首先要确认我们是谁，我们代表什么。我们需要澄清、确认我们的核心价值。许多人以不同的方式定义核心价值。

　　核心价值是构成一个人的主要或基本的中心价值。核心价值被定义为对一个人的信仰体系基本的、持久的测试。这一套原理对一个人想什么、怎样行动产生了深远的影响。按照这些核心价值行事，行动不需要进行外部调整。这些原理有内在的价值——强力的指导方针决定一个人，决定他是谁，决定他做什么。这些价值给予一个人长久的特征，提供黏合剂把一个人粘成一个整体。

　　核心价值是不变的。一旦拥有，核心价值的变化非常缓慢。因此，从正确的价值开始很关键。

　　核心价值是充满激情的。视觉是一个可见的词，激情是一个感觉的词。核心价值随心跳动，迸发出强烈的情感。核心价值是激发人付诸行动的情感。

　　核心价值是核心信仰。人们常常使用不同的形容词来表示价

值，如规则、原理、原则、标准或者假设，有些可能不是很相称。价值是基本的或核心的信仰。信仰是你在证实或者证明的基础上认为是正确的概念或者观点。

我们所做的大多数决定和走过的道路基本上都来自我们的核心价值。随着我们长大，发生了许多事情，我们的核心价值就会产生许多妥协、许多扭曲。作为成年人，我们的任务是把这些甄别出来。例如，如果你有个人责任的核心价值，那么这就比你不清楚这个价值下决心容易多了。如果你有时候有责任感，有时候又没有责任感，就会使生活混乱、困难。说出我们的核心价值的重要性不仅能使我们过一种有条理的生活，而且能够使我们在纷杂的信息面前游刃有余。在我们的家庭里有时候有核心价值冲突，这是我们大多数情感痛苦的根源。

核心价值有很多，只有你能够定义你自己的。因为这个过程非常重要，所以书中列举一些可能性供你参考。你会注意到许多核心价值包含其他核心价值的成分，大多数核心价值是有意义的，你会承认它们是很好的生活准则。然而，确立一个真正的核心价值的唯一办法是它是否从某种意义上影响到了你的日常活动，即你根据这些价值做出自己的决定时，你却不得不做出某种不必要的牺牲。你应该选择一种价值，宣布这是你的价值，作为实现梦想的信条，并为之付出必要的代价。

⊂ 确定核心价值，让你的能力撑起你的梦想

让我们来分析这 16 个核心价值。在每一个定义的下面，列举了一系列的问题来帮助你辨别你的核心价值。

1. 诚实

诚实意味着一贯追求说真话。它包括有意识或无意识地过一种没有谎言、没有欺骗、没有偷窃或其他欺骗形式的生活。诚实是一种主动发展的力量，它无须强迫或锻炼。

思考下列的问题：

你的日常生活是由"你是谁"和"你在努力做什么"的话组成吗？

你所说的和所做的与你的自我及努力的方向相符吗？

你对"撒个无关紧要的小谎"怎么看？

2. 尊重

尊重意味着重视自我，重视他人，重视财产——不动产和个人财产。它包括明白自己的权利在哪里结束，别人的权利在哪里开始的能力。尊重表示你对做出有益牺牲的事物的欣赏。

思考下列的问题：

你尊重自己的感情吗？

你尊重你的感情、思想并希望每天按照它们行事吗？

你对自己和他人尽到义务了吗？

3. 理由或合理性

理由或合理性是指理解力和对逻辑性的、理性的、分析性思想的偏爱。它包括好的判断力和合理的常识。

思考下列的问题：

你去年是否用了某种无意义的手段避免了不好的结果？

你是否在合理的逻辑思考的基础上追求着梦想或者目标？

你周围是否包围着对挑战无动于衷的人？

4. 同情

同情意味着对他人表示关怀。它包括面对他人的勇气、说真话的勇气、说出必须要说的话的勇气。一个有同情心的人在他人需要时给予帮助，通常不需要有形或无形的回报。

思考下列的问题：

你对自己和他人友善吗？

你的"自言自语"和与他人的交流都是积极主动的吗？

你对于有益的或者仅仅他人想要听的话做回应吗？

5. 勇气

勇气是指以自信和决心面对困难局面。有勇气的人为自己的信念奋发图强，在困难面前不会逃避，并敢于面对困难，无论困难有多大。

思考下列的问题：

需要变化时你是否有所保留？

轮到你要改变个人生活时你是否会大吼大叫？

如果需要你为自己或者他人挺身而出，你会怎样做？

6. 展现自我

展现自我是指不断地发现、展现你对于自己来说是什么，对于他人是什么。展现自我是自觉或不自觉地向他人展示自己更多特点的行为。这可能包括(但不是局限在)思想、感情、渴望、目标、失败、成功、梦想、爱好和厌恶。许多人在与人交往或者谈恋爱时试图避免展示太多自我，因为害怕得到负面评价。

思考下列的问题：

你在日常生活中会大胆向别人展示自我吗？

你是不断向他人展示你真正的自我，还是在有机会展示自我时躲躲闪闪？

你是让别人知道你的想法，与人分享你的激动、幸福、悲伤、愤怒，还是把这些感受闷在心里？

7. 好公民的形象

好公民是社会有用的成员；好公民不是索取者，也不是不劳而获的人；好公民明白遵纪守法的重要性；好公民在帮助邻居、参加公益活动等方面毫不含糊。

思考下列的问题：

你在去年以什么方式为你的社区做出贡献？

社区怎样从你的参与中获益？

你的社区还有什么需要你去做或者还有什么急着要你做？

8.勤勉

勤勉的人知道努力去实现目标要得到内在的和外在的回报。除了知道回报外，勤勉的人会采取必要的行动来追求回报。他对结果抱有责任心，表现出努力实现目标的决心。

思考下列的问题：

你的工作有趣吗？

你对你的工作有新的想法时，曾沉迷其中而忘了时间吗？

你做的工作是什么？你工作目的是什么？是为了挣钱，对个人发展有益，还是既能挣钱又有益于个人发展？

9.个人健康

健康的人在意自己吃什么；他们注意自己的体重，注意胆固醇和血压，经常检查身体；他们坚持节食、适当睡眠、保持锻炼习惯，能控制住自己；健康的人既不会为腾不出时间来保养自己找借口，也不会因自己的感受如何而责备任何人。

思考下列的问题：

你吃得好吗？你知道这意味着什么吗？你经常运动吗？

你是喜欢在室外做消遣性的活动，还是喜欢坐在家里看电视？

10. 个人成长

个人成长是指不断地了解自己、扩大视野、把自己融入世界的过程。致力于个人发展的人会不断问自己为什么要做现在做的事情，为什么有现在这样的感觉。如果遇到挫折，他们会立刻去探明出了什么问题，怎样在下次做得更好。与别人发生冲突时，他们有兴趣弄明白这次冲突有什么值得的地方。他们敢于冒险，喜欢尝试新的方法。他们认为自己不是终极产品，他们希望生命不息，变化不止。

思考下列的问题：

你在去年为改变自己、发展自己做了什么努力？

你现在最自豪的个人发展成就是什么？

你为了自己的个人发展经常做什么？

11. 挑战他人的愿望

当你要求他人尽可能做到最好时你就最关心他们。相互挑战是一种有益的关系，任何一个人都不愿意掉进无休止的失败泥潭中，所以每一方都认为对方会竭尽全力继续发展。挑战是一种信任投票，是一种尊重的标志。

你或许有一种欲望，总是去谈论一个人的好的一面，比如最稳定的、最合理的、最具同情心的、最文明的……但这样会使他被人疏忽。我们需要客观地描述对这个人的看法。

你对成功的人、对征服者有很高的期待，即使道路坎坷，你也会坚持不懈，你会去征服，对这一点你不回避。

相反，毫无原则地接受别人是一种放弃。如果你不向他人挑战，你就基本上放弃他们了。

思考下列的问题：

你非常崇拜的一个人，曾经非常喜欢户外活动，最近却变成了终日躺在沙发里的懒散家伙，开始变胖。你会怎么办？

面对需要解决的问题，你是迎头而上还是退避三舍？

有人对你的行为或举止说了什么，你是倾听还是与他理论？

挑战他人有正向积极的作用，比如：

我们教育彻头彻尾的懒惰者或者失败者要去工作，从更深的层面上来说应该从头开始工作，不管我们怎样看待它。我们要为我们的使命、我们自己、我们的目标、想要做的事情及在社会上立足而工作。

从这个意义上来讲，作为挑战者的你就像是牡蛎壳里面的沙子。你向他挑战是想使他尽可能成为最好的自己，不是要他完美无缺，完美会使我们混乱。你只想让他更优秀。我们允许犯错误跌倒，爬起来，继续努力朝更好、更伟大的自我努力前进。

12. 伴侣关系的重要性

这对于有了孩子的已婚夫妇是特别重要的核心价值。如果把婚姻放在比任何其他的关系都要重要的位置上，那婚姻就会是美满的。在所有其他的关系中——包括与朋友的关系和自己家人的关系，孩子应该是第二位的。大人与孩子的关系必然缺乏互惠，因为大人给予孩子的比孩子期望的要多，没有一个孩子能够满足大人亲近的需要。大人不要因过分注重尽父母的义务而忽视了自己的婚姻，这样会成为孩子可怕的负担。孩子们有责任使父母幸福，他们最后会因破坏了大人的关系而自责。

思考下列的问题：

你觉得你是你的另一半心中最重要的人吗？如果不是，谁是比你更重要的人？

你的另一半是你一生中最重要的人吗？如果不是，谁是？

13. 为生活目标奋斗

我们绝大多数人积极地参与这样或那样的事业，通常这就是一个人的职业，但是你所做的事情没有你喜欢做的事情重要。你喜欢做的事会给你的生活带来目标，要求你全力以赴、发挥你的全部才能和价值。不管薪水多么丰厚，如果干完一天的工作后你得到的仅仅是你的薪水，你就不是一个完整的人。把一生的精力奉献给某件你真正喜欢的事情是很重要的。

思考下列的问题：

如果你梦寐以求的工作要你承受降低工资、事业失败的风险，你还会放弃目前稳定的地位去实现理想吗？

个人发展和安逸哪个对你更重要？

为实现愿望，你是否会拒绝任何一个与你的生活目标不符的事情，即使这样会引起与你最亲近的人的冲突你也在所不惜吗？

拥有某种在你的一生处于中心位置的需要、愿望，为了它你全力以赴，你愿意也能够集中精力、有目的地去做，这太绝对了。有了伟大的目标或者伟大的梦想还不够。如果你没有能力集中精力去做，没有保住目标与实现这些目标或梦想的计划，那个目标就只是白日做梦罢了。

14. 内心恢复

内心恢复也可以叫作"精神恢复"，是指持续接触内心恢复的某个源泉。有些人是通过宗教仪式或者活动（如冥想）来实施的，它也可来自对自然或者艺术品的欣赏、运动、爱好、旅行，或者一个人独自静处。如果你这样做，你就触摸到了你的内在生命，补充了你的能量，把每天的烦恼看透，得到了渡过危机的力量。

思考下列的问题：

什么实践或者活动给了你内心恢复？

在这些活动中，哪一个对你最重要？最近你选择的最重要的活动在什么时候？

你感到精疲力竭时是怎样充电的？

15. 责任心

我们所有的人都要为我们的行为和这些行为产生的后果负责。责任心就是要信守诺言，履行义务，说真话，为我们所做的事情并为因为疏忽没有做的事情负完全责任。责任心只指为你自己负责的能力，衡量你所做的事情，明白只有结果而不是好的意图才能产生变化。

思考下列的问题：

你打电话请病假，其实是去爬山。第二天上班时别人问起你昨天上哪儿了，你会怎么回答？

你的团队要按时完成工程，你尽职尽责，但是其他人没有，你会责备谁？

如果你有一个目标，为了达到目标你会做一些额外的事情吗？很少这样，有时候这样，还是经常这样？

我们是我们的选择和行为的主人。我们应对我们的生活和幸福负责。我们负责我们的承诺、我们的义务，如果没有了这个，就不能过美满的生活，就没有了自尊，就不能期待他人尊重你，就实现不了梦想。

16. 高质量的交流

高质量的交流是向两方流动的价值，包括双方专心与他人分享自己的生活，同时专心倾听他人讲的话。它意味着在交流中打开心扉，营造亲近气氛，有勇气展示自我，还意味着在交流时畅所欲言，不评价，没有偏见，没有不懂装懂。

思考下列的问题：

你非常关心的某个人喋喋不休地对你诉苦，到了你不得不打断他的程度。当他指责你没有倾听时，你会怎么办？

你主动去听还是等着他人说完才开始说？

某人特别是与你不亲近的人要对你说什么，你的关注程度有多高？

高质量的交流是真正把机会和责任传授给他人，而不是轻描淡写地说一下。为了营造和谐气氛，你必须专心地听，更加静心去听。当你总是专心于工作，完全沉浸于自己的角色时，你就会感觉很自在，并能做到总是很认真、很专心地与他人交流。

你必须花时间去仔细分析，确定你的核心价值，这不是一件轻松的事情。当你挑战自我，确定那些对自己最重要的核心价值时，你可能发现你从前列举的核心价值变了。这种自我发现的过程一方面很有挑战性，一方面也给了你许多自由。

每一天梦想练习

·清理记忆，思考自我·

›感知

过去的所见所闻留存于记忆，就成了一个人积累下来的知识财富。所以，知识也不完全是争取得来的。

›沉思

我经常思考些什么问题？也许是对美好生活的规划和期盼。有时候，我也会想到我碰到的难题、困境，或者摸索自我提升的途径。实际上，只要有意识的存在，我就会不断思考，在脑海中反复掂量，不过思来想去的对象和内容却总还是自己。为什么"我"——"我"的智慧、"我"的精力，"我"的好运等，会如此吸引我的注意力呢？凭借着"我"的这一切，我在社会上出人头地，成为成功人士。但是如果有一天，江郎才尽，年老体衰，好运也不再降临，那么我还剩下些什么呢？而让我如此依赖、如此着迷的"我"又是什么呢？如果这个"我"消失了，该如何是好呢？我相信，这本书一定可以帮我找出答案。

›冥想

注意力集中于鼻尖部位的呼吸调息不可懈怠。在此过程中，你的大脑总会有片刻停止运转，那一刻，没有时间，没有空间，只有一片空无的宁静，即无觉知状态。有时候你认为自己对某事了如指掌，这种想法只不过是对自我的一种映射。其实，记忆中存储着一些相关信息，这时候会作为知识出现在你的脑海中。只是曾经发生过的事实，已经成为过去的事情，仅此而已。已经发生的事情是永远不会再改变的，而你所追求的东西是绝对不会存在于一堆无法更新的信息中的。逝去的岁月带走了时间，也带走了记忆和知识。那些你孜孜以求的事物只会出现在浩瀚无边而又瞬息万变的时刻，没有时间的汩汩流失，没有自我的絮絮唠叨，宁静中，只看到创造力源源不断而来。

·发掘自我本源·

> 感 知

懂得外部的一切都不过是过眼云烟；懂得我们自身才是根本。

> 沉 思

毫无疑问，从某种角度上来说，冥想这种静心方式比较独特。尽管有别于任何宗教和信仰，但是冥想不会与之产生冲突，完全可以相互交融。可以帮助我超越自我，使我更接近真实的本真——与生俱来的，不是由我创造的，也不需要让我来创造。没有开始，没有结束，却一直在那里。人们对之有各种各样的称呼，我喜欢那些简单的叫法，比如"本真""本源"。

> 冥 想

过去，你总是尽力掩饰这种恐惧，从来不曾勇敢面对。现在，必须直视它并克服它！脑海中会出现各种各样的画面、光线，耳畔听到的各种声音等一切所见所闻，应保持冷静地观照，在不动声色间让它们离开、消失。始终将注意力集中于呼吸调息。恐惧的根源是没有真正了解自我，误解了自己，你可能并不是你所想的你，也就是说你脑海中的自我形象是不正确的。今天的练习中，每次呼气后，运用倒数数技巧检验注意力集中程度。由 100 开始向后数。如果数错了，从头再来，直到将 100 位数都数完。然后，回到注意力集中于鼻尖部位的呼吸调息。

·脚踏实地，改造自我·

›感知

既不急于求成，也不行事拖沓，而是脚踏实地、坚定不移地向着目标前进。

›沉思

没有什么事情让我深信不疑，我用质疑的目光打量一切，包括冥想。仔细分析利弊后，我觉得冥想不是一件容易的事。而且，我的思想和心绪常常充满矛盾，进退两难，根本与冥想所要求的原则背道而驰。下定决心，探索自我，我相信：通过坚持不懈的努力，肯定能够到达自由的港湾。

›冥想

如同乌龟一样，虽然缓慢但是脚踏实地，一步一个脚印地向着目标前进。不能因为节奏缓慢而埋怨不已，挑战远不止于此，应平心静气，默默前进。好高骛远的梦想不过是镜花水月，无法企及。无论如何，你内心深处追求真理的热情都不应消退，毕竟不灭的热情才是获得最终胜利的有效筹码。耐心一点，循序渐进中获得永不泯灭的自信，更加坚定练习的决心。今天，将注意力集中于腹腔神经丛、体位和呼吸，同时留意繁忙的大脑以及其中喋喋不休的思绪。明白这样的道理：大脑进行思考只不过是在履行其职责，就像身体进行呼吸一样。不过，仅保持观照——思想、身体都与你无关。

·义无反顾，不断奋进·

› 感 知

　　无论是风驰电掣，还是慢条斯理，最终你都会找到它！

› 沉 思

　　想重新选择是否开始练习，为时已晚！现在半途而废，我只会在世俗和精神两个极端之间陷入进退两难的境地，两者不可兼得。因此，我必须不断奋进，直到不再需要奋进为止。我一定会到达目的地的。

› 冥 想

　　精神世界的敏感度增强会给你的生活带来一定的变化。为了练习的顺利进行，你必须要改变一些事情。身心时刻准备，在必要的时候能够迅速而及时地做出调整，循序渐进。继续专注力的练习，专注的对象可是鼻尖部位，也可是新的冥想对象。两者均可深入至内心，停留、继续精进。

·抑制欲望，保持意识清明·

›感 知

　　每当春天来临时，我的心中就会滋生出种种欲望，如清晨生机勃勃的曙光，蠢蠢欲动。

›沉 思

　　清明的意念要求人头脑冷静，心中无邪念，那么诸如此类的种种行为是不是和这个要求大相径庭、背道而驰？疾病会慢慢吞噬掉健康，身体慢慢腐朽，直至剩下一副空壳；这种不计后果的冲动行为会不会也像这样，逐渐将我腐蚀，最后身体支离破碎，我则无处可逃？

›冥 想

　　如果你选择坐式冥想，那么所选的坐垫应小而结实，不可太过柔软，放在尾椎骨下，也就是说你坐在边缘部位。如果静心过程中，你的思维太过活跃，即使在倒数数的同时还能够想这想那，无法完全集中，那么可以使用一套难度较大的数数方式。数字排列的规则比较复杂，所以为了数得正确，你不得不将思维转过来集中于其上。数字的顺序是这样：1，2，1，2，3，2，1，2，3，4，3，2，1，2，3，4，5，4，3，2，1，以此类推，直到10。然后，继续进行鼻尖专注力的呼吸调息。

· 从深处发掘并改变自我 ·

› 感 知

　　教堂内不虔诚祈祷的教徒；大街上心地纯洁的圣人。

› 沉 思

　　强行改变自我会带来另外一个问题：虽然我认为自己已经改变了，但可能实际上并非如此。种种困扰由显性转为隐性，潜伏在暗处。我不过是在自欺欺人，装模作样。比如说，我心平气和，就好像要出席某个重大的外交场合那样不动声色，做足了表面文章，但是根本没从深处发掘并改变自我。于是，我成了一个演技娴熟的演员，言谈举止都浮于表面，并欺骗自己说：现在，我已经是一个圣人了。

› 冥 想

　　冥想过程中可能会碰到各种各样的事。产生许多虚幻的影像、看到色彩斑斓的画面、感觉体内悄悄滋生出某种力量，甚至听到对话声、窃窃私语声，这些都很正常，不足为奇。将之抛诸脑后，继续专心地进行自己的练习之旅。当影像、画面、声音出现时，可稍稍观察一会儿，就好像旅程中驻足欣赏沿途的风景。但是不能流连忘返，要特别注意那些滋生出来的力量；否则，只会延误你启迪练习的进展。继续进行专注力的练习。

·抛开思想中的一切干扰·

›感知

知者不可一世；无知者低声下气。

›沉思

一沙一世界，如果区区一粒沙子就能传达出千百年来人类所积累的无数智慧，那么世界各地大小沙滩上所有的沙子一定能够表现出我精神世界里超乎知识的潜能。于是，我不断发掘自己的潜能和本真。

›冥想

以热身练习开始后，进行鼻尖专注力的练习。着重感受呼吸的一呼一吸，另外，要保证体位准确。如果选择 7 个能量中心作为预备练习对象，那么每个部位都要花上几分钟的时间。在此过程中，无论如何要把对呼吸的感受作为注意力集中的对象。呼吸的一呼一吸，是一种非常奇特的专注对象，更深的感知也由对它的感受中而来。第 1 步要训练出这样的能力：心神始终专注，注意力摆脱掉了持续的干扰，能够停留于专注对象。如前文所说的击钟，不是间或地去敲击钟，钟声断断续续地传出，而是让钟声持续不断地响起。修习过程中，这是跨出了一大步，一个巨大的进展。让意识集中而连贯，很快深层的感知和体验就会出现了。

· 为成功做好准备 ·

› 感知

　　最后，你整个人会崩溃。

› 沉思

　　在暴风骤雨袭来之前，我最好做好准备。指挥没有经过严格训练的士兵上战场只会一败涂地。我不能这样，绝不打无准备之仗。从现在开始，时刻准备着，直到对精神本体了如指掌。在能力所及范围之内，相信自己应该有恒心、决心将练习坚持下去。

› 冥想

　　稳定而渐进。进行专注力的练习，专注的对象可是鼻尖部位，也可是新的冥想对象。

第 3 章

蓄积梦想的力量，
彻底打开视野与格局

梦想唤醒责任，责任提升层次

我们不可沉迷于过去，特别是当我们开始新的生活时，责备、羞耻、恐惧或者负罪感等必须被现今日常生活所抛弃。

这些常见的感情必须被知足和幸福取代，因为你现在是百分之百地有责任心了。你要对表达自我负责，对你经历的感受负责。你选择生活在现在，注意到更多的事情按照你的思路发展，抓住稍纵即逝的机会，在遭受挫折后能很快恢复自信。你要对自己的幸福负责，对自己的处境负责。如果你感到痛苦，你必须克服，因为没有别人能够替你克服，也没有人愿意替你克服。百分之百的责任感是完全自由的开始。你大脑里的运转机制是你的，里面控制许多决定的小东西也属于你，你必须要管理，因为这个小东西要长大。

完全的责任感意味着真正的自我表达，这不是一个沉重的负担。百分之百的拥有责任感决定你按照你的想法设计自己的世界，为此，你需要新的技巧。我们在第2章讲述了确定核心价值，这一章要解释并演示怎样去实现其中的一些核心价值。我们要讲道：

制定目标；

计划生活周期；

大胆展示自我；

承认我们的情感取向；

摆脱原生家庭的束缚；

抱有高期望；

承担个人责任。

接下来，让我们分别来阐述。

◐ 制定目标，正确书写梦想清单

制定目标在我们的生活中扮演了重要的角色，特别是在发展事业的早期。它使我们比绝大多数十几或二十几岁的人有明显的优势。明确的目标给了我们竞争力，让我们获得成功，正因为如此，制定目标是实现梦想必不可少的手段。

首先，我们必须清楚核心价值和目标的区别。目标没有核心价值那么重要，但是它们在一个人追求梦想的过程中也扮演着很重要的角色。下面是两者之间的区别：

目标是短期标准，核心价值是长期基准。

目标定期变化，核心价值不变化或者变化得非常慢。

目标总是由核心价值派生而成，反之不成立。

目标提供责任心、反馈环和可预见到的短期追求的结果，核心价值为长期追求幸福、平衡、财富提供基础。

目标提供活力和激情，随着每天或者每周的反馈，它告诉你是否走在通向成功的正路上；核心价值是你生活的原动力和基础。

明白核心价值和目标的区别，记住二者的好处后，我们要重新探讨一下目标的一些具体内容。你会发现，在个人发展的这条路上制定目标是很重要的部分。一旦能够明确自己的目标，任何人都能够在很短的时间内大大地改变自己的生活。

如果你完全不知道怎样制定目标，不要担心，这是一个大多数人很容易就可以学会的技巧，只需要稍加努力。

首先，我们来看一下 5 个关于目标的典型例子：

（1）我要努力减肥。

（2）明年我要尽一切可能把生意做大。

（3）我希望明年挣 100 万（去年的收入是 3 万）。

（4）我想要量入而出。

（5）我希望减少我的信用卡债务。

上述都是人们想要在某个对他们重要的方面建立的目标。这些目标虽然是努力方向，但是不利于个人有步骤地实行。上述目标无助于实现幸福或者成功的原因在于它们不是真正的目标。要想把某个东西变成目标，它必须是 SMART 目标。

SMART 是下列单词的首字母缩写：

S 代表 specific（明确的），即一个目标必须是简单、清楚的一句话。

M 代表 measurable（可测量），即一个目标应该总是可计量的。

A 代表 attainable（可实现），即一个目标应该总是可以实现的。

R 代表 result（结果），即一个目标必须要有结果。

T 代表 trackable（可循），即一个目标应该总是有路可循。

现在，让我们把前面的目标例子改写为 SMART 目标：

（1）我要在 90 天内把体重减去 5 千克。

（2）我要在明年 12 月 31 日前把收入从 20 万提高到 40 万。

（3）10 年后，我的年收入要达到 100 万。

（4）我付了所有的账单后，要在每张账单上节省 10 元。

（5）在以后的 6 个月内我要把我的信用卡债务从 5 万减到 2.5 万。

注意这 5 个目标，先前还只是希望、努力、期望，现在设计成为具体的条文了。目标清晰、明了、简单，切实消除了所有误解的可能。

首先，这些目标是量力而行的。定下 12 个月内把个人收入从 3 万增加到 100 万的目标对大多数人来说是不合理的。但是，定在 10 年内实现同样数目的收入就不显得那么不合理了。所以，要制定你能够达到的目标。

其次，仔细看一看上面的目标，明白规定在特定的时间框架内实现目标的重要性。这把目标的价值和实现目标必须要做的事情都包含在内了。

SMART 目标的 T 代表有路可循。你可以在任何时候重温这些目标，评估你是否偏离了目标，评估你是否应该继续所有的体系或者做调整。这些目标需要有路可循的原因是为了做清晰、明显的调整。

最后，SMART 目标一般来说还是处在你追逐成功的起始阶段，如果你现在一年才挣 3 万，一年要想实现挣 10 万的目标还需要一系列其他的细致步骤来帮助实现。同样，在 90 天内体重减轻 5 千克也包括用一系列的行为（要正确饮食、锻炼、避免空腹吃碳水化合物、空腹喝水、少吃糖等）来实现这个目标。

致力于一个 SMART 目标将提供更多的成功机会，因为它使你考虑到必须做什么具体事情，考虑你需要什么。你一旦建立了 SMART 目标，你就极有可能得到期望的结果。

计划生活周期，逐步实现梦想清单

生活周期是一个计划工具，能够用来优化你的能力，创建可持续变化，走向你生活中的幸福、平衡、财富之路。

生活周期是指会发生一些变化的一个确定的时间段。即你追寻梦想时有时会一帆风顺，有时候你就像一条逆流而上的鲑鱼——你几乎是凭着本能游上去，虽然最后会一路前进，但中途会遇到非常严峻的挑战。

我们所有的人都能够回忆起在某一个时期，我们所追求的某种特别重要的东西非常容易到手；我们也有过让人激动的想法、伟大的目标，尽管对自己很重要，但是就是实现不了，就好像有一头熊在你必经的小溪中挡住了去路。

在农村生活的人们，农事是他们生活的一部分，他们会在春天播种，秋天收获。各个季节有不同的农活，如果不按季节来劳作就会颗粒无收，因为这与生命周期的自然规律背道而驰。与季节一样，每一件事情都有它的适当时机。这个概念对于计划行动，追求幸福、平衡和财富是很重要的。

比如说，当你20多岁刚从大学毕业或刚刚开始工作的时候，生活基本上是一个探索时期，你要探求以后做个什么样的人，寻找什么样的伴侣，怎样在社会上立足等。

对于刚毕业的学生来说，这是一个认识世界，探求怎样寻找激动、有趣的生活的时候。他们想要造访不同的地方，接触不同的工作。为了自己的梦想去努力模仿，或者学习。

对于 30 多岁已经结婚的人来说，接触不同的行业，找寻兴趣点已经不那么重要了。他们或是在自己的行业做得很出色，或是有了自己的事业。

对于 40 多岁的人来说，可能他们的生活周期又发生了改变——不想在大城市生活，只想找一个小城镇安静的生活，并在那里抚养孩子。

回顾你的职业生涯或者你的经历，你的生活周期是怎样的？多长时间做一次根本性的改变？斟酌你的生活周期、了解你的生活周期很重要，因为这可以使你预料到你某个时候可能发生的下一个变化。

你在哪一年考上大学的？这对于你来说是一个非常重要的变化。在哪一年职位升迁的，这又是一个变化。接下来的变化会是在哪一年？将这些问题问自己，问身边的同事和朋友，你会发现，大部分人的生活周期是 10 年，10 年一大变，5 年一小变。此时，你不得不承认人的发展中是有生活周期的。

注意到知识水平常常与生活周期巧合是很有趣的。你从一个没有多少经验的学徒开始，甚至可能没有什么知识，你只有强烈的愿望和充沛的精力。从一个学徒到熟练工，你可能在前进的道路上学到了东西，或者说受到他人的指点，有了一点点经验。然后你凭着你的技艺打拼多年，进入职业层，这段经历让你引以为自豪。最后一个层面就是高层次，这是你超越职业发展之所在。现在回到你的技艺、职业和事业中去，你现在是一个老师，也许可以当顾问、当指导，这是任何职业中最高级的实践。

就计划生活周期来说，重点就是，要明白没有哪个人会直接从学徒变成专家，也没有人直接可以从推销员变成一个销售大师。每一步都需要时间，没有其他的路可走。

人的成长，有一个学习曲线，没有人能够躲得过去。许多人没有成功是因为他们没有经历那个从学生、学徒、熟练工到大师的学习曲线。你要愿意从头开始，并通过学习的过程干好工作才能成功，没有人可以突然达到职业的巅峰。坚持不懈、韧劲、勇气都是需要具备的品质，没有勇气的人是不会成功的。

当利用生活周期做计划时，你要知道，做每一件事情你都要经历同样的过程：有一个时期做学徒，然后学到某种技能变成熟练工，学到其他的技能变成专家，最后成为大师。

大胆展示自我，从迷茫者蜕变为造梦者

当你明白你的核心价值并大胆宣布时，一个独特的挑战就在等着你，你会得到许多反馈——有些赞成，有些反对。你一旦强势展示自我，别人尤其是与你有长久关系的人，比如说家庭成员，就会尽他们所能来迫使你顺从于他们眼光中的你。

人们对你的自我展现评价肯定有支持的也有反对的，所以对两个方面都要有准备，事先研究一下。你可以在你头脑里扮演对话角色，为可能出现的事做好准备。"哎呀，爸（老婆或老公），我刚刚认识到个人成长对我的重要性……"你在内心经过这么演练，就可以很好地应对每一个反应。

对于我们有些人而言，决定核心价值可能会感觉解放、转变——一个带来幸福和满足的宣告。我们可能有渴望扮演街头公告员的感觉——想与世界共享我们的价值。

对大多数人来说，展示自我是一件很可怕的事情。我们需要有一种手段来开始，克服恐惧的一个办法就是问自己："如果我在冒着 50% 的风险来展示自己……"

把空下的部分让给回答来继续。回答可能包括：

我将把自己展示得更清楚些。

我会更高兴些。

我要让人们知道我究竟是谁。

人们将慢慢知道真正的我。

我不知道别人会怎么想。

我不知道人们是否还会喜欢我。

我的父母会对我说保持安静。

注意：自我展示的过程是先从我们自己的内心开始，然后再到他人。在他人面前展示自我，这个过程是从我愿意知道自己是什么样的人开始的。我愿意正视和诚实地面对自己的感觉吗？这个问题在自我展示之后就要得到解决。

假设，我们去帮助别人更多地展示自己，要是没有首先帮助他们变得有更多的自知之明，变得愿意被人注意他们的内心世界，让别人注意他们在不同情况下感受到了什么，那么我们就会失败。如果我们在他们挣扎着讲出他们的感受时帮助他们，带着尊重对待他们，那么我们就支持了他们的自我展示。人们都会有恐惧感，如果他们谈论害怕的时刻，他们觉得别人会看不起他们。害怕反对，害怕嘲笑，这样对展示自我有极大危害。有这样一个例子，一位丈夫说他在 40 年的婚姻中从未对他的妻子说过"我爱你"。当被问及原因的时候，他回答："我怕她不会再尊敬我了。"这就间接证明了自我展示的恐惧。这个可怜的家伙感到，承认自己对妻子有强烈的感情，她就不再认为他是个男子汉。这是一个可悲的极端例子。

要强调的是，清楚地展示自我的前提是已经决定要展示自我。

一旦我们与别人分享我们的价值观是什么，我们就能与他们在更深的情感层次上相处。有些人的反应很好，特别是在你使他们感到舒服时，他们会接受你的自我展示。而不接受你的人则会疏远你。

你要改善生活，为了达到目的，你必须实践自我意识，大胆与他人分享真实的你。这不需要你另外花时间来计划做有意识的沟通，这是你在现在的基础上大胆进行自我展示的个人责任。

如果你觉得不舒服或者无精打采，你可以与人分享这些感受：

我觉得可怜，因为我的狗死了。

我感到不舒服，感到紧张，因为我的伴侣被确诊为癌症。

这种处理方式让我感到失望。

相反的感受也可以与人分享：

我真的对我们一起做的事情感到兴奋。

我喜欢这种工作，干起活来再快乐不过了。

看到这种结果我太高兴了。

使用感观词语对于展示自我和接近他人是很重要的。然而，如果大多数人没有回应你也不要吃惊。你不是在为他们展现自己，你这样做是因为这对你很重要。

你把见到你能力的人吸引到你的生活中来，与你接近，与你分享你的想法，这是多么奇妙的经历啊！你如果大胆地展示自己就会把这些人招揽过来。展示自己就是把你自己呈现给世界，使你自己走到前台——允许别人看到真实的你、实在的你。

生活中总有这样一两个人，自从我们认识他们或者当我们生活中发生什么事情时，不管分开时间有多长，我们立刻就能联系上他们。不需要谈论天气或者东扯西扯，不出几分钟我们就能进行深入的情感沟通。我们可以谈论生活中的重要事情，谈论我们的感受。

事实上，不是每一个人都会回应的，大多数人都不会回应。那些友好地回应的人，大胆表现自我的人，不矫揉造作、不解释、不辩护的人，就是我们可以投入更多共同志趣的人。

在你前进的时候你可以向他们展现得更多，展现更多的个人志趣，想方设法去发现他们当中有多少人与你志趣相同——你通常会找到你要找的。

你在大胆展示自我时，你是真正的你，你给其他人回应的机会也可验证他们是否真实。当你这样做的时候，你会发现很少人这么大胆。如果某人确实友好地回应你，你要表现出受宠若惊的样子。如果某人没有回应，你也不要失望。

如果很少有人回应，可能是你周围的人不跟你志同道合。为了找到幸福、平衡、财富，就要改变这种状况。如果自我展示没有回应，你将会很难得到满足，更难找到安宁。你可以把你的关注点转到与你核心价值相似的人身上，特别是要创建幸福的人那里。如果不这样做，那就是你自己的责任了。别人没有改变是你造成的。

展示自我一旦开始，你就需要担当起责任，做出具有挑战性的选择：选择哪些人影响你的生活，明白哪些人与你拥有同样的核心价值，哪些人没有。这些都要你自己来完成。

在这个过程中，要注意不要采用破坏性的方式。有些人操作的方式是很少展示，做的是一个危险的循环：积聚－不展示－积聚，建起一堆无关紧要的东西，然后一股脑儿泼向他人。这种事情发生得太频繁了——在办公室、在家里、在重要的人物面前发生。这样做不仅费力而且不讨好，不利于平衡的生活。

为了自我展示和便于沟通，我们必须以共同的核心价值为基础选择人。这样做不是因为担心冲突，因为冲突总是有的。不同的是，如果共享核心价值，冲突会起到积极的、建设性的作用。我们可以得到某个与我们以同样的眼光看世界的人所持的不同观点，从那里得到启发。然而，与持不同核心价值的人的冲突倾向于使关系变淡或发生损害。

想一想我们与一个持不同核心价值的人的关系，由于经常缺乏沟通，无法解决分歧和冲突，最后往往导致关系破裂。这结果与有相似的核心价值的人的冲突完全相反。这种冲突要建立在对你的成长非常有用的事情——核心价值的反馈和解释基础上。

展示自我时还需注意：我们的表述要简练。你讲一句话不需要用 50 个词。如果你用那么长的一句话来表达自己的观点，你会把人吓跑，那就谈不上大胆表现自我了。要知道：简单把人拉近，复杂把人推远；简单营造亲近，复杂导致疏远。

一个简单的陈述能够使彼此很快进行深层沟通。看看下面的例子：

正面的

我的生活中有你我觉得幸福。

我爱你。

这好像很重要。

我觉得幸福。

我高兴。

我激动。

这个好。

反面的

这个不好。

我饿了。

我很失望。

我受到伤害。

我悲伤。

我沮丧。

我要疯了。

这些话不需要太多的解释或阐述，只需要你在说的时候不要用作开场白，也不要做收场白就好了。

这是我们不矫揉造作的沟通。我们与人共享真实的自我和真实的感受，他人是否回应是次要的，重要的是你自己展示了自己的真实感觉和想法。

一旦你开始在特定的时刻展示你自己，与别人分享你的想法，你就可能期望别人回应——我们可以要求他们回应，但这个期望不一定总是能得到满足。就我们自己而言，释放你的能量必须经过这个过程，而释放能量不需要依赖别人的回报。不要等到你周围的人友好地回应时你才开始展示你的个人才能。如果你试图要教导别人，让你周围的人确信你在展示的东西，那你是在为自己设立失望的目标，因为回应不回应是他们的事。

回想你还是小孩的时候，你有很强的自我表现欲望。从学校回到家，妈妈就问你感觉怎么样，你不知道为什么会说"不好"。这就是你的感受。妈妈可能会这样回应你："不要这样讲。你怎么能说你不好呢？我是孩子的时候……"或者"不要难过，笑笑看……"

我们感受世界、体验世界的理解模式来自我们的老师(父母)，而他们并不明白这些模式。他们不承认这些感受状态，不承认它们的重要性。他们认为诚实的感觉没有鼓励孩子重要。在这种交流中，孩子学到了什么呢？母亲否认孩子的感受，劝告孩子不要怎样感受的时候，孩子就会假设自己感到不高兴是不对的。孩子做出这样的假设是因为孩子认为父母亲绝对不会错。

想想看，如果在你年幼时这种事情频频发生，你就失去了无数交往的机会，这就难怪我们感到无法交流，自我封闭，不敢展示自我，不敢说真话。这种早期方式产生的困惑要到成年后才能解决。如果我们带着人们常有的情感——幸福、悲伤、愤怒、兴奋、高兴等，问某一个人他是否有其中的某种情感，我们就会发现有些人与我们相似，有些人与我们不同。我们会接近前者，疏远后者。

这个练习让我们找到了生活路标的方向。如果我们在孩童时被反复告诫即使在难过时都要说不难过，那就给我们建立了情感取向。你的宠物死了，你自然要难过一段时间，如果母亲总是要求我们不要那样感受，这种自然的感受就很难持续下去。

如果我们总是以精力充沛、微笑、声音洪亮等情感出现，而家庭却是无理地不许表现难过、悲伤、沮丧等感情，那这些感情可能就会被抑制。下面的这些话你常听到吗？

回到你的房间去。

你太吵了。

住嘴。

小孩子插什么话！

你的家庭可能真的抹杀了你生活的激情，而其中的很多东西却正是你的生活所需要的。

如果你来自一个从未有愤怒或冲突的家庭，你怎么知道怎样应对冲突的场面？如果从未有人在你的房子里大声讲话会怎样？如果你来自一个冲突频发、人人都大喊大叫的环境又怎样？如果是这样的话，要是没有冲突你就感觉不到爱。

这些假设组成我们的生活路标，为我们指明方向。这些模式可能在我们孩提时代起过作用，但是对现在没用了，这些需要我们再现、提起，需要被改造或者被抛弃。

◖ 承认"情感取向"，铸就蓬勃绚烂的梦想

情感取向是人小时候学到的情感状态。它在心灵中打下烙印，不管我们是否承认，它都会继续有意识或无意识地影响着我们的成年生活。例如，一个在冲突频发的环境中长大的人总是寻求能

够使他兴奋的高冲突的环境，因为他对这种环境已经习以为常。这种家庭背景成为主人公的情感取向——它让这个主人公感到舒服。这个主人公只有遇到高度戏剧化的人物时才被吸引，而他也以同样的方式吸引着别人。

你如果不是来自这样的家庭背景，在读到这些时你可能要想：这太离谱了——为什么要那样呢？然而这种事一直在发生。或者说，你来自一个低冲突家庭，你可能不会被一个来自高冲突家庭的人所吸引，甚至会厌恶这种人。

这些非逻辑的情感来自我们的情感取向。如果我们了解我们的情感取向，我们就会有强烈的愿望去再创造它们。有了这种认识，我们就有能力选择同样的路标，或者创造某种新的路标——一种可以进行个人转换的路标；没有了这种意识，我们就毫无选择。最后，要创造情感取向要看是否对我们有益，如果没有用就没有必要去做。

情感取向是我们孩提时候学到的需要应对的一种情感状态。不管有什么情感状态，我们都建立了各种机制和办法来应对。作为成年人，我们趋向于寻求那种唾手可得的情感取向。如果没有，我们会再创造，因为在这种情感状态下人感到很安全。我们认为它很安全是因为我们知道怎样应对。我们知道怎样应对一直感觉不好的情况，因为那是我们成长的方式。我们一直伴随着某种感受长大，因为我们感觉到了这种情感，我们发展了整个防卫和应对体系。走出你的情感取向等于要创建新的应对机制，创建新的应对生活的方法。随着时间的推移，当你触发了曾经的情感体验，等于发出了"看看发生了什么事情"的信号。一旦你触发了曾经的情感体验，那就意味着某人做了某事来启发你，或者某种需要你参加的事情已经发生，那就变成了某种你可以利用、对你有益的某种事情。

情感取向在我们孩提时代服务于我们，但是对于成年人一点用处都没有。注意到这一点很重要。不管怎样，它们对我们不利。想一想在高冲突、每个人都大声叫喊、吵吵嚷嚷的争吵环境中长大的孩子，对于这样的孩子来说，唯一在家庭中赢得注意和爱的方式就是做在这种环境中经历的事情，也跟着去叫喊。伴随孩子成长的这种愤怒和冲突的情感是孩子在未来生活中寻找爱情和幸福要努力创造的，所以愤怒和困惑的情感会被反复复制。

不管赞成还是不赞成，大声吵闹确实在一定时期对孩子有用。孩子遵循家庭纪律，能够"被重视"，能够感觉到爱。无形中，这种模式就会继续到成年期。然而，如果我们知道它的存在，我们可以做出选择。"我在生活中继续保持着这种大声叫喊的粗暴的模式是因为我……"或者"我选择把这种模式理解为一个孩子在那种环境下长大而产生的一种情感状态。"如果那是一种大人对你表达爱的方式，或者你想有意识地把这种情感取向释放出来，那么检查它是什么，做一个不同的选择。

我们都是来自有爱、有伤痛的家庭。有时伤痛很难明白，很难看得到。在孩子身上发生的最悲哀的事情就是任何事情都没有发生。最重要的是孩子在被放弃时他们下了什么结论，对于他们下的结论做了什么决定，那就是到现在都真实的动力。我们在3岁、7岁、12岁所做的决定，所有在这个年龄段做的决定都是今天可以操作的，因为这些决定都是我们自己做的。承认情感取向的过程就是做新的决定。

不管怎样不合适，情感取向的影响都是极大的。如果我们在当时直接表达我们的需要可能会受伤害，而情感取向会使我们安全，躲过某种危害我们的事情。

如果我们来自一个谩骂不断的环境，强有力的情感取向会使我们被对我们不好的人吸引。想一想在童年时代，孩子的期望一直被各种各样的方式制止。我们无意识地一遍又一遍地重复那种根植在我们头脑中的东西。

你不该得到……

你竟敢要求……

你最好闭嘴，不要想要……

了解了情感取向，人们就不要再去想它，要忘记旧的模式，接受新的模式——值得拥有的、有自我价值的模式。

C 打破原生家庭的束缚，成为精神上的自由人

每个原生家庭里都有一个顺序或者等级，这很像剧本里的角色——父亲、母亲、兄弟姐妹、孩子等。我们也可以将其称为家庭体系，即一个拥有自我身份的组织，如刘国庆家、肖林生家。

我们每个人的成长都与一些家庭体系相关。想象一下你曾经长大的家庭和你现在的家庭，这里有主角、配角和其他演员。每一个人都有一个角色，所有的成员，包括你自己，都在表演自己的角色来证实自己的身份。从概念上来讲，这就意味着每一个人都在维持着现状，确认每一个成员都在扮演自己既定的角色。

比如说，如果你是一个好女儿，许多家庭成员需要把情感投资到你所扮演的"好女儿"的角色；如果你是个"坏女儿"，他们同样要投资。家庭对这个角色进行情感投资确保你不会改变这个角色。

从建筑学院毕业的儿子突然宣布不想进入建筑界，他要搬到北京去追寻他的演员梦。家庭系统怎样出谋划策，让这个"好儿

子走正路"呢？他们会支持这个决定吗？对于这个"好儿子"的自我展示，家庭系统会做些什么呢？

做餐馆服务员的女儿出人意料地宣布她的愿望：她要当一名医生，帮助患癌症的人们。家庭系统怎样支持她或者怎样伤害她呢？家庭系统是同意她的自我展示还是不同意？

一个系统是由一套允许这个系统正常运行的程序和规则来定义的。推及自身，你可能发现你所宣布的价值与你所扮演的角色，或者与你在家庭系统中曾经扮演的角色毫无关系。那个角色与你现在宣布的角色实际上是对立的。绝大多数家庭成员会抵制这个改变，至少在开始时会这样，因为具体系统只有在每个成员保持它早期既定的角色才运转。要打破原生家庭的束缚就要有勇气，要有坚持不懈的努力。

要开始这个程序，我们需要了解我们自己的家庭系统。对自己问下列的问题：

你意识到家庭系统的存在了吗？

你意识到你所扮演的角色了吗？

你对扮演这个角色自在吗？

这个角色有助于创建幸福、平衡和财富吗？

想象一下家庭在假日团圆的日子。在这个时候，我们许多人要回到我们曾经扮演的角色里去。特别注意：如果你不这样做，你就可能扰乱所有其他人的节日心情。

这个角色可能与你现在要变成的角色，尤其是与你的核心价值没有多大关系，或者说毫无关系，你该怎么办？是向这个体系挑战呢，还是继续扮演你既定的角色，为自己找个理由——就几天时间，你不想跟家里人过不去呢？

我们共同度过了许多的时光，在我们互相认识的概念中长大。如果我们度一周假"真正地沟通"，我们绝大多数人相信共同度过的时光等于加深了对家庭成员的了解。

有些人在与家人待到第二天时，就感到不舒服，想要离开了。我们消除这种情况所花的时间等于对某一个人的深入了解的时间。关键是意识到你的角色，花时间去分析适合你、不适合你的方方面面，分析符合你的核心价值和不符合你的核心价值的方方面面。

敢于自我展示、宣布自己核心价值的人，敢于挑战原生家庭和既定角色的人都是英雄。这个英雄的含义包含"我要成为我自己决定、宣布要去做的那个人"的声明，也包含内部防线——确定一个有关你自己的声明，并守住这个声明。只有在这时候，这些目标才会显得更高，它们牵涉你的幸福、成就和财富。

◯ 抱有高期望，创造你想要的关系格局

在这个新的时代，我们表示关心他人、想让他人成功的方式之一就是对我们周围的人抱有高的期望。这就意味着如果某人许诺要做好某件事情，或者要在家里完成某个方案，我们会抱着他们会做好的期望。这还意味着，你能够让他们知道你对于他们完成不了计划或者实现不了许诺的想法。

抱有高期望意味着尊重我们周围的人，用欣赏或失望的方式就我们所做的承诺和他们做出的承诺发表看法。以前我们可能会忽略一个没有实现的许诺，同意给他人更多的时间，接受他人的解释，或者以种种方式为其开脱。换句话说，我们允许一个人事先说好了要做到而没有做到。"没做到没关系，下次做到就行。"这种妥协的协定在配偶和其他的关系中根深蒂固。当今世界，对他人抱有高期望要求我们不要互相依赖。我们不可能成为周围人的保姆。

在我们这个社会里有一个极端的例子：无私的母亲无微不至地关怀着她的孩子，把孩子们能够做到也愿意做的事情——打扫房子、刷碗、做家庭作业统统包揽。或者我们允许自己的配偶超支；或者我们替我们的配偶完成任务，然后又埋怨他们没有做，这是典型的"一报还一报"。

没有高期望还可以表现得更加微妙：

我们可以自私地决定我们太累了，不愿沟通；

我们可能没有认识到家庭成员物质贪欲的影响；

我们可能从工作行为而不是工作效率得到报酬。

如果期望没有实现，我们可以认为人应该是有责任心的。简单的话语能使我们交流感情，让他人知道我们因为他们没有实现诺言的感受：

孙丽，你许诺星期二交来生活费却没有交，这让我感到失望。

妈，你没有参加我的家长会让我感到伤心。

刘瑞，你的生活费超出了我们所同意的范围，我感到难过和担心。

这里有两个部分：一是向他人表达自己的感情——表露自己了解他人的能力；与之同样重要的是他人听了我们所说的话，对于我们的表达要做解释。如果与我们抱有相似的核心价值的人或我们生活中一个重要的人向我们表达失望、伤心、害怕或者伤害，会使我们大大地收敛自己的行为，这不是给我们亮黄牌，而是一个红色警报。

在大多数家庭、工作或者人际交往过程中，我们会遇到这样的情况，我们需要与他人协调，对于以后的事情许诺：

我8点钟开车来接你。

今晚我与你共进晚餐。

今天晚些时候我会把那个文件送过来。

那个方案下星期二做好。

我能把这个做好。

交易在星期三结束。

我下午 5 点在购物中心与你碰头。

如果我们认为某人不用对承诺负责，这是一种放弃的表现，说明我们不在乎他。这种行为忽视了他人承诺的重要性。认为某人对所说的话要兑现是一种爱和关怀的表现。

孩子说每天要打扫房间却没有打扫，如果我们不提出来，这对我们和孩子都不好，会伤害双方。

我们必须确信我们在用自己的判断来理解什么是重要的。对我们重要的人不履行诺言，我们是应该选择视而不见或保持沉默、不发表看法呢，还是让他们知道不信守承诺、不履行义务大大地伤害了我们的感情，让他们知道他们对于我们有多么重要呢？看完此部分后，相信你已经得出你自己的答案。

◖ 承担个人责任，超级梦想决定你是谁

我们可以这样理解个人责任：我们不对我们生活中的过去、现在和未来求全责备。我们的现状是我们应有的完美表现，这与我们的父母、老师、配偶、老板、同事、政治家或者其他人都没

有关系。

我们每个人都或多或少发过牢骚，想一想你从别人那里听到的极不愉快的解释成长之路的话：

我脾气大是因为我妈妈是东北人。

过去我的家人个个都吼，所以我现在也吼。

过去我的家人总是争辩，这是我们证明自己聪明的方法。

我们从来没有提高嗓门说话，我们总是彬彬有礼。

极端的自闭是创建可持续变化的另一大障碍：

我太与众不同了，没人帮得了我。

我太与众不同了，我把自己关在有效解决我的痛苦的门外。

我知道这有用，但肯定对我没用。

这对我没用，因为我是在贫穷的环境中长大的。

我不能做那个，因为我爸是个酒鬼。

有趣的是，在我们倾向于把我们的艰难历程归咎于某人的同时，我们又找到了我们的积极性。从某种程度上说，我们找到了我们全面发展的信心。本着创建可持续发展的能力，我们要明白，我们自己对积极的和负面的发展负有百分之百的责任，我们对如何应用正面的理解力，如何以积极的、有价值的方式挑战个性特征、弱点等负有百分之百的责任。

不用说，我们也要对因负面的个性特征的行为产生的后果承担百分之百的责任。成长的关键是理解个人责任在创建可持续变化时对你的能力起到了什么作用。如果你只对你的个性特征的好的发展承担责任，你可能只会得到短期发展，然后又回到你的情感取向那里去；如果你对个性特征的弱点等负责，这些责任感就会释放你的能量。如果我们面对挑战不承担个人责任，我们就永远不能创建可持续变化，我们每一步重要的进展都将使我们脱离正轨，我们就会自己妨碍自己，或者把我们拉回到我们的旧情感取向中去，回到我们习以为常的安全环境中去，我们前进的步伐很快就会停止，甚至倒退。我们可以选择：

与配偶打一架；

搅乱事业投资；

放纵物质欲望；

想一个办法，让其他的情感取向露出丑恶的一面。

我们必须对我们的个性特征承担百分之百的责任。当责任在我们身上并影响我们的时候，我们要承认其有利因素。然而，我们还需要考虑到不利因素，了解不利因素，认识到它们对我们的影响，特别是当它们破坏平衡时。

还有一点，就是寻求把我们的弱点发展成为强项或者转化为中等水平。比如说，你缺乏人际交往技巧，那么你就要集中精力使你的人际交往技巧达到标准水平。

抱有这种想法的人不是去强化我们的优势，而是倾向于把大量的时间花在强化劣势上，这种做法最终被证明是无效的。意识到挑战和弱点，为此承担个人责任并不是说要毕其一生把这些弱点转化为积极的个性特征，而是说要清楚地知道这些弱点，明白它们是怎样在我们毫无知觉的情况下渗透到我们身上来破坏我们实现我们的自我价值的。

所有这些新技巧、新工具都能帮助我们创建真正的可持续变化。可能我们在初次试用时觉得不自然，但持续使用它们会使我们很快改善我们的生活。开始这个过程，迈出释放你能量的强有力的步伐吧！

○ 每一天梦想练习

·激发追求梦想的勇气和力量·

› 感 知

如果思想缺乏敏锐的认知和觉悟，懒散就会有机可乘。

› 沉 思

若要出人头地，建立丰功伟绩，必须经过一番艰辛的努力，在前进的路上，勇气和力量是两件必不可少的武器。不过，如果心中没有梦想，也就是说没有强烈的追求愿望，那么还能如愿以偿吗？一往无前地去奋斗，殚精竭虑，结果又是怎样的呢？也许，会发生出人意料的事情，说不定一个新的宇宙横空出世！

› 冥 想

继续进行鼻尖专注力的练习。

·认清内心的渴望·

> 感 知

　　如果你的心中出现了恶魔，要么好好对待，与之和平共处；要么被它吞噬，化为乌有。

> 沉 思

　　在还没有弄清楚心中的渴望、感情、想法和自我概念到底是怎样的时候，就在某天早晨醒来后发现自己的肉体不存在了！即使是这样，我是否也不会吓得魂不附体？如果我能真正地理解这些东西，是不是就能摆脱掉对死亡的恐惧呢？每当在冥想过程中想到此事，我的肉体其实已经消失了。这种练习充满神秘的意味。将把我带向何处呢？

> 冥 想

　　本次练习可让人清楚地感受爱与慈悲，并且成为爱本身；同时还能增强人的勇气和动力。这里，不管练习将进行到哪里，你都会清楚地感受到安全感。如果冥想进行得脚踏实地而且充满朝气，那么身体的基本需求就会得到满足。有一点要注意：如果你的目的是企及彻底的开悟，就不要胡思乱想，免得妄念升起，难以消除。预备练习完成后，将注意力集中于心脏，慢慢打开，让白光充斥其中，持续 1 分钟左右。然后，重新回到鼻尖专注力的呼吸调息。

· 正视真实自我，不再逃避 ·

› 感 知

一切创造力都来自空无；一切不自由都来自意念信仰。

› 沉 思

你知道，我只是假装出一副冥想的样子。身体静坐在那里，其实我的内心如潮水般汹涌澎湃，渴望迫不及待地展开行动。因为只有事情接踵而来，让我忙得团团转，空无才无法乘虚而入。久而久之，不胜其烦，对生活原本的热情和企盼消失得无影无踪，整天无精打采。从无聊中抽身而出，这是我所擅长的。长期以来，面对枯燥无味的生活时，我都选择消极逃避，以至于从来不曾正视过自己空虚的精神世界。内心深处，我知道重新审视这种空洞将带我到达更深远的境界。

› 冥 想

继续鼻尖专注力的训练，将注意力集中于鼻尖吸气部位。没有烦躁的心绪，只有静静的冥想；没有行动者，只有行动，慢慢了解到冥想的真谛。记住：无论脑中出现什么影像，只需冷静地看着，不带任何判断或分析，没有任何责备或思索。在意识到它出现的第一时间，丢开它。看上去越重要的思想，越是要丢弃。注意力集中于平稳的呼吸即可。

·释放内心深处被压抑的情绪·

›感 知

　　到达永恒无捷径可循。

›沉 思

　　梦想练习是一项煞费苦心的浩大工程，需要付出艰辛的努力。其中包括反复审视自己的思想。这种审视是内在的活动，跟我在这世界上的行为相比，两者有天壤之别。前者虚虚实实，难以触摸，人的大脑无法控制；而后者则是实实在在的，而且可以在大脑的指挥下运行。经过审视内在，我内在的精神世界正不断得到提升和超越。挫折困苦不期而至时，我就可以临危不惧，从容应对了。我深深地知道，冥想不是轻而易举的练习，但同时我也很清楚，如果我能够虔诚地练习，并且坚持不懈，它一定会带着我敲开启迪的门扉，通向更为广阔的天地。

›冥 想

　　练习过程中，可能会出现某些特殊的情感：你突然有一种强烈的冲动，想要放声大笑或是失声痛哭，或者是又想哭又想笑。碰到这种情况时，不要觉得诧异和惊怕。这是练习进行过程中一个必不可少的阶段。不要大惊小怪，应处之泰然，说不定你已经触摸到埋藏于意识深处原始的欢乐与幸福，或者是压抑于内心的东西得到了释放（比如说是一段陈年旧情）。随着敏感度的逐步提高，你对思想、情感的认识越来越深，曾经搁浅在记忆湖畔的往事会重现。有时候，感到巨大的喜悦，只觉得欢乐扑面而来，如风暴般地冲击；有时候，却又不知何故，泪水莫名地涌上来，满盈眼眶，我们不知道自己是想要哭还是笑。实际上，既不是要哭也不是要笑，只是心灵获得了极大的慰藉。继续进行鼻尖专注力的练习。

· 改变急躁的性格 ·

›感 知

　　将急躁收起来，接纳、容忍，并逐渐化解它。

›沉 思

　　当我太过急躁时，事情就会超过自然发展的轨迹和速度。不经意间就让它们随时间消逝了，而且局面始终支离破碎，没有办法去弥补或挽回。应耐心等待合适的时机再采取行动，并且认识到见机行事并不是一件容易的事，需要积累丰富的经验和感悟。

›冥 想

　　万不可心急气躁而敷衍了事。耐心地观照、等待，聆听呼吸的声音，感受一呼一吸。继续进行鼻尖专注力的练习。

·告别没有目标的忙碌·

›感 知

旅程有结束的那一天，不是吗？

›沉 思

我好像傻傻地从一站匆匆奔向下一站，不断地赶着时间跑，到底在忙什么呢？练习所取得的进展已经改变了我的命运，但我还是心急火燎般向前冲，想快点结束旅程，到达启迪。但是，完成练习后，我有相关的生活计划和安排吗？

›冥 想

以 3 个回合的呼吸调息开始，然后将注意力集中于无尽的意念。之前的冥想对象——无边的空间现在已被无尽的意念所取代。曾经，是无尽的意念支撑着无边的空间成为你的冥想对象。

·自觉地制定人生目标·

›感知

自己的小小世界，再渺小，再微不足道，对我们自身来讲，也是整个宇宙。

›沉思

我无法拒绝成功，心中念念不忘要出人头地。我走火入魔般地迷恋成功带给我的感觉，精神百倍、朝气蓬勃。但是我发现，达到一个目标后，无形的失落感会悄悄潜入内心，让我寝食难安，催促着我迅速投身于下一个奋斗目标。为什么不能置身事外？为什么不能自发性地制定目标呢？也许是因为我认为这样生活，显得太平淡无奇，至少我自己持这种看法。没有计划，没有目标，那么活着还有什么意义呢？不过，依然还是将自己卷入了其中，不是吗？

›冥想

继续专注力的练习，注意力集中于鼻尖部位或是新的冥想对象。

·给生活制定计划·

›感 知

做事情应从长计议；今天的计划一定会在将来的日子中让你受益良多。

›沉 思

平凡人关乎生存、生活的世俗烦恼是理所当然的，无可厚非。但是，只要全心投入此时此刻，我的意识就能超越这些困扰。对于强身健体，履行职责，我几乎别无选择，只能按照既定的轨道运行。但是，出乎意料的是，带着新的觉知去生活，一切似乎变得简单起来。我发现自己不再趋炎附势，也不再独断专行，办事效率极高，心中洋溢着爱。除非大脑重新恢复其对自我的控制力，重新构思布局，否则一切困难都不会再光顾我。

›冥 想

继续鼻尖专注力的练习，一直坚持到新的冥想对象出现为止。如果没有新的冥想对象出现，也属于正常的现象。千万不要逼着自己去获得新的冥想对象，只要将练习一如既往地做下去即可。如果冥想对象的确出现了，即使不是在冥想过程中，在清晨醒来后、夜晚入眠或是其他什么时候等，时时刻刻都要把它放在心中。冥想不可能独立于生活，两者应该是你中有我、我中有你的关系。

· 随时随地从生活中学习 ·

›感 知

　　教导和学习无处不在。

›沉 思

　　在哪里发现自我，就能在哪里学习到新知识。情况越是危急紧迫，我越能了解自我。就好像水自流成行，顺着自己的轨迹流淌，蜿蜒着平衡前行；我最后也将变得平静、稳重，不偏激，不懦弱。但是，这需要花费一定的时间，绝对不是朝夕间能企及的事。

›冥 想

　　继续将注意力集中于该无尽的意念。

第 4 章

激活意识三角的潜能，

加速梦想成真

了解不同阶段的意识，找到自己的梦想原型

意识不仅指要对我们的环境有知觉，还指要在所有的层面里知道我们自己。让我们来回忆一下大多数人贯穿一生所经历的不同意识层面的基本评价吧。

第一个意识层面是刺激反应。它是与世界相处的最原始的模型。对于孩子，刺激反应有点类似如下的表现：

我饿了——我哭。

我受到伤害——我尖叫。

我高兴——我跳起来。

处在基本阶段的意识层面是直接的、清晰的，让人一下就可以看明白。我们所有的人都亲自经历过，亲眼见过婴幼儿在刺激反应模式下的例子。

在十几岁时，我们与世界相处的模式变得越来越隐晦。我们的知觉集中在世界怎样围绕着我们转，集中在每一个人相比之下是多么愚蠢，尤其是我们的父母和其他的大人。这个层面的意识实际上还没有怎么超出刺激反应的模式。

在向他人表达不悦时，我们普遍要传达的是我们的要求没有得到满足。这非常像婴幼儿，需要没有得到满足就引起情感反应，这样就会导致情感释放。少年们已经都具有从容表达不满情感的能力：

在我身边的人个个都很蠢。

我的父母亲根本不理解我。

他们从未认真听过我所说的话。

为什么人人都对我这么不好呢？

这里真正反映的是少年没有以某种方式交流需要的能力。他们知道需要可以得到满足，但又意识不到满足这些需要首先需要什么，注意，那些还没有确定的核心价值使重要的东西完全模糊不清。除了这种意识缺乏，少年们还缺乏交流感情的能力，这种缺乏导致不能产生一个有意识的大环境。

随着我们长到 20 多岁，我们走进了一个更加独立的空间。我们必须养活自己，必须意识到有维持生活和付账单的财务责任。随着人类的自然规律发展，这时我们有了要寻找配偶的生理需求。注意，这个关联模式在刺激反应的基础上又进了一步，但是幅度还是不大。下面是 20 多岁青年人的典型思想陈述：

我需要付租金。

我需要钱来付账。

我需要钱外出。

我需要钱来维持生活。

好男人（女人）到哪里去了？

从财务的角度来说，只有在花了一定数额的工资之后才会引发更深层次、更重要的问题：

就这些？

这就是我以后几十年的工资水平？

从人际关系的角度来讲，在第二个或者第三个人际关系破裂之后会产生怀疑，开始引发一系列新的思考：

或许我要与这个人结婚。

人际关系并不完全是破裂的。

也许人际关系对我并没有好处。

男人（女人）真讨厌。

从财务和人际关系的角度来看，初始阶段的问题或多或少是从负面开始的："就这些？"对于许多人来说，回答都是令人伤心的："对。"他们于是在后半生总是爱抱怨、发牢骚。

寻求更深层次答案的人则相反："不，肯定还有。"于是，内心的问题开始了：

我还需要什么？

什么对我重要？

我生活中缺少什么？

探索的过程从"什么"变成"怎样"：

我怎样才能找到我失去的东西？

我怎样了解别人？

我怎样了解自己？

那些"如果我有更多的钱，一切都解决了"之类的话现在不说了，虽然许多人以前都说过。

意识和知觉必须包括我们高兴的事情和我们梦想着在生活中发生的事情，还有我们想要摆脱、应对和了解的事情。认识到这一点很重要，因为把注意力转向某些我们想要的东西比摆脱我们不想要的某些东西要容易得多。

考虑一下激发你自我发现的一些问题，包括在没有他人在你周围时你的真实状态是怎样的问题。在创建可持续发展的幸福、平衡、财富的过程中，你必须脱去"外衣"，露出你自己的本来面目，直面阻碍你、想击败你的挑战。你的发现过程可以是这些问题引发的：

你最强的个性特征是什么？令你最引以为豪的事情是什么？

你最大的弱点或者挑战是什么？

导致你生活幸福的三大要素是什么？

建立你生活平衡的三大要素是什么？

创建你生活财富的三大要素是什么？

你天天幸福的三大障碍是什么？

你创建生活财富的三大障碍是什么？

你从你的母亲那里学到了什么对上述起积极作用的东西？

你从你的母亲那里学到了什么对上述起阻碍作用的东西？

你从你的父亲那里学到了什么对上述起积极作用的东西？

你从你的父亲那里学到了什么对上述起阻碍作用的东西？

你成长的家庭对你今天的生活起到怎样的积极作用？

你成长的家庭对你今天的生活有怎样的阻碍作用？

你现在的家庭对你产生怎样的积极作用？

你现在的家庭怎样阻碍你的？

注意：这些问题都是外在的、他人的影响。这些问题在培养你的自我意识过程中起到辅助的作用。这些起始问题可以引发后面更加内在的、更深层次的问题。

C 意识三角——高效多维圆梦模式

培养意识的办法之一就是要有一个自我评价工具，它可以使你明白你是谁、你在与他人的关系中处于什么位置、你应该怎样与他们相处。意识三角就是这样的工具。把每个人的基本行为分为 3 个部分，意识三角的力量就像一个支架的 3 条腿，每一条腿都是支撑这个支架必不可少的，3 个部分协调行动，才能把意识三角的力量发挥到极致。

我们每个人都有行动、感觉、思想。我们的内心世界总是要经过这 3 个中的一个或者一个以上的部分。梦想的实现和可持续变化只有在你把这 3 个部分结合起来后才能发生。让我们逐一分析意识三角的每一条腿是怎样帮助你辨别哪一个是你占支配地位的个性特征的。

第一个部分叫作实干者。实干者是以活动为中心的人，他总是很忙，总是在干某件事情，对于"你好吗"的典型回答像是填写账目清单一样，并不传达任何感情。他们一般都是精力充沛的人，总是急匆匆地忙来忙去。

他们偏好行动，这对于完成某件事情来说是积极的个人特性。实干者的最大价值在于他采取行动把事情做好，即使这同样的价值在连接感情或思想时起到妨碍的作用，这种价值仍是不可低估的，因为总的说来，行动是必需的。

第二个部分是感觉者，有时候这样的人被叫作艺术家。这种人凭他的感觉来处理他周围所有的活动和做出反应。被问到同样的问题"你好吗"时，他们的回答是"我悲伤"或者"我幸福"，回答包括兴奋、悲伤、忧郁、失望等感觉词。

感觉者凭自己的感觉来处理周围发生的一切事情。因为感情交流的热情高，所以他们能够理解相处，能进行情感交流，这对于与他人沟通是有利的。感觉者开展行动或进行逻辑处理思想的愿望相对较低，这种处理任何事情都要凭感情的倾向在付诸行动或做决定时就会产生障碍。

感觉者的挑战之一就是我们许多人在早年都曾被忽视。我们在年轻时，没人告诉我们我们的需要是重要的。我们常常得到相反的信息。许多人都在问：我需要谁？谁是我的梦想？在这里我们再一次遇到自我评价问题和自我意识问题。

人们有权成为伟大的人，有权爱和被爱，有权获得幸福，只要他们做了需要做的来实现这些价值。这不是生活亏欠我们，而是我们一定要做事情，但是你在内心里要确信你可以拥有、应该拥有某种东西。

第三个部分是思想者。思想者是一个理智的人，他凭知识和智力来处理一生中的大部分事情。这种个性特征在评价一个计划或想法是否合理、是否符合逻辑意义方面证明是很有价值的。思想者的力量在于他使用推理、逻辑和基本原理，这是一个构思和分析商业计划的理想人选。然而，你不能指望思想者有什么热情或激情。此外，思想者很难为行动注入能量。

我们永远离不开思想者。如果没有智力和理性知识的指导，我们是非常受限制的。这可能会导致人们在人生的早期就很被动。一些人可能在早年遭受多次挫折，他们不知道这是为什么。也许这是他们懒惰的缘故。事实证明，如果我们不使用智力去搜寻一切可以帮助我们达到目标的东西，那么我们就只能坐下来做白日梦，最终一事无成。

我们的头脑需要信息、反馈、指导、阅读、学习等任何有助于实现我们抱负的东西。如果没有积极的头脑，没有渴望知识的头脑，生活终将变得令人失望。

不想去思考、花大量时间沉迷于情感的人没有真正意识到他们自己的情感。他们没有直面焦虑、愤怒、痛苦、怨恨等不利的一面。人们没有真正认识到他们的情感生活可以忽略掉一两种感情或情感、伤痛或者怨恨。你需要想清楚，对你的感情和情绪要有清晰的认识。

当我们让这3个个性倾向同时为我们服务时，就是意识三角发挥它真正力量的时候。

注意别过分标榜你自己。在我们每一个人都有一个突出的个性特征的同时，我们每一个人都拥有意识三角的3个部分。幸福、平衡、财富的关键在于它们之间的整合，应充分认识到我们突出的个性特征要有更多的发展。

为了释放能量，我们必须训练自己通过这3个部分来处理我们的日常生活。比如说，一个成功的企业家或者白手起家的商人一直为谋求商机而忙，可能从未有时间留给自己、家人或者其他人。在许多人羡慕这些人成绩的同时，他们未注意到这些成功人士因没有把感情、思想或者核心价值理清而可能会产生不幸福——这是一种失去平衡，甚至可能危害财富方面成功的生活方式。

只为事业忙碌，不理解根本的核心价值，不思考、不理性，没有抱负，没有幸福感，这与被铁链锁住的囚犯有什么差别？如果说有区别，那只是你晚上睡在你的床上，没有睡在牢房里。这个夸张的例子常被我们大多数人用于生意人身上，但它更适用于放在家务或孩子身上，而把自己的希望和梦想抛弃在一边的母亲。我们都知道父母亲，尤其是母亲总是忙于照顾孩子。这些行为实际与上述企业家的辛劳没有什么两样，都是在自我牺牲的旗帜下，牺牲应该做的事情。这类人不管这些行为是否与自己的核心价值保持一致，甚至忙的感觉不到这对自己的伤害有多大。

没有人怀疑做伟大的父母亲的价值和所需要的努力，问题只是逃避的思想可能会伴随没完没了的父母亲沉湎的事情——洗衣服、接送孩子、打扫房间等——所有在"自我牺牲"的幌子下埋没核心价值的费时间的事情。

实干者害怕承认他们所做的事情对他们来说并不重要，所以他们一味保持忙的状态。他们拒绝花时间来回答问题，思考或者反省自己。

思想者通过理性的、合理的、符合逻辑的知识来处理事情。他们不带任何感情色彩地分析、预测一个假定的局面的结果。思想者在消化了无数的数据后才有能力做出决定，预测可能的结果。他们能为行动做出很好的计划，他们运用推理、逻辑和理性思考的能力的价值是不可估量的。

然而，推理和演绎的能力可能导致行动的停顿。思想者的分析，可能会耗尽一个想法或者努力的能量和激情。如果你问思想者："你好吗？"你可能会得到一个敷衍的回答："好。"你听不到感觉词，如高兴、悲伤等，虽然偶尔也可能听到一个冗长的关于如果没有情感背景生活如何进行的解释。思想者看起来就像完全沉浸在他们没有生气的展望里，但不要被这种外表迷惑了，这只是一个过渡发达的思想成分的明显表现罢了。

感觉者为创造提供材料。比如对于一个作家来说，他不能在理智的层面上进行创造，只能在感觉的层面上进行创造。一个人作家没有激情就像汽车没有燃料，激情是引发变化的火花，是催化剂，是"咔嚓"的一声。

没有激情就没有火花，没有激情你创造不了你需要的东西，只有你创造的最终才是你真正渴望的东西。

要在一个坚实的基础上进行生活，你的努力必须来自你意识的各方面的整合。如果你通过成为实干者、思想者和感觉者来处理你的生活，你就会有强大的能量。这非常像传说中的天生具有产生能量的金字塔一样，意识三角在你把 3 个方面迅速整合，找到平静、理性和能量时会给予你力量。如果你完全了解你的感情，通过你的理智来处理局面，采取适当的行动，你就可以在这个过程中全力前进了。

如果你认清了你的感情，依次激发了热情和逻辑行为，那你自然就会有成果。一个在意识三角整合中操作熟练的人更容易挖掘出自己的能量，导致生活质量的大改变和其他方面的成功。

发掘意识优势，创建有再造力的自我

我们以一个想开始自己事业的人为例。

感觉者具有沟通的优势——他们能够讲清楚要做什么和能提供什么服务。

感觉者的弱点是缺少实干者和思想者的帮助，他们不知道怎样创造切实可行的计划，从财务的意义上养活他们自己成为真正的挑战。感觉者怎样通过使用自己的知识开发实业（获利的实业）使他们无生存之忧，能够做他们想去做的事情，继续他们自己关心的事情呢？答案就是，如果没有思想者和实干者的帮助，这可能会成为他们一生的挑战。

感觉者一般对他们自己的价值不了解，因此不会对自己提供的服务索价太多。他们最终会走下坡路，不能养活自己，也就不能继续自己的热情。按照我们的选择，这个问题要么快刀斩乱麻，要么藕断丝连，拖下去一辈子都可能解决不了。

感觉者的优点是他们通常有超常的热情来实现自己的事业和人生的成功，不利因素是对自己提供的产品或服务的价值缺乏了解，也就缺乏自我评价，他们遇到的典型问题可能包括：

我怎样来为这个收费？

我怎样证明它值这么多钱？

我怎样休一天假？

为什么没有人来呢——你认为会有人来吗？

理性的、善于推理的思想者常带着错误的理性思维连续思考一个问题很长时间。事实上，我们完全可以利用这段时间找到更好的主意了。这种情况会不停地出现。

思想者很难与人交流他们的热情。思想者对钱从哪里来，生意怎么做，怎样应付困难和挑战，怎样应付机会和意外都很有方法。其挑战是找到足够的热情以避免冒险。

思想者要想办法就他们的热情与人沟通，与感觉者沟通，发现"感觉好极了"，感到"热情洋溢"。

实干者的优点是能够潜心做事情，他们往往比思想者和感觉者要先拿到订单，先找到客户。我们很容易就能够认出实干者，因为他们是行动主义者——他们说话利索，思维敏捷，常常赢得大多数人的称赞。

在不停地创造价值的同时，实干者的独特挑战就是要问这样严峻的问题：

所有的辛苦值得吗？

我的一生是不是太忙了？

我有平衡或者我了解平衡的意思吗？

即使他们看到了后果但还是会把平衡远远抛在脑后，因为实干者从来就坐不住。在开始事业的时候，实干者可能看不到思想者所看到的潜在因素，也不像感觉者那样与人沟通，他们只知道不停地工作，埋头苦干。

我们现在来看一个具体的例子。

赵楠，一个需抚养两个孩子的单身母亲，需要增加收入。她有灵活的工作时间来承担照看孩子的义务。在孩子出生之前，赵楠获得了专业按摩治疗师的执照。问题是，尽管她喜欢给人做按摩治疗，但赵楠从来没有在按摩治疗工作中挣到足够的钱。她觉得收太多的钱不合适，她尤其不愿向她的朋友多收钱。她总觉得让顾客到她这里来不好，所以她花了大量的时间和钱开车到处提供上门治疗。她也没有实行双价体系，对上门治疗额外收费。10年以后，尽管她仍有热情，但她怀疑自己是否可以再做下去。

你可以看出，赵楠首先是感觉者，作为一个有多重任务的母亲，她也有实干者的角色，再次是思想者。

在开始了解意识三角时，赵楠认识到她还未做过计划，她只是凭想象来做，没有想到付诸行动会有困难，即使她承认她的感觉者的角色至今比实干者要多。

赵楠寻求朋友的帮助。她花时间来预算她要挣多少钱、收费多少、要做多少次按摩才能挣到那么多。她认识到应该合理收费，不能白白浪费自己的劳动，即使价格体系不时使她感到不自在。令人高兴的是，赵楠制订了计划，付诸了行动，发展了固定的客源，有了可以预见的源源不断的收入。

注意：赵楠10年前与现在没有什么两样，她的感觉者成分依然占主流。事实上，正是这种力量使她这么擅长强化其他角色并贯彻到自己的工作中。她通过选择激活思想者的角色，使自己有了更大的成功机会，获得了显著的效益。

她的思想者角色不可能占支配地位，但是，她使用了意识三角，自觉地挖掘出一种力量，思想者成为她实现她的目标整合的一部分。

这个过程对我们所有人都适用。

◖ 开始一个新的关系，让未来现在就来

考虑发展一个新的关系，必须是寻求一种在有共同核心价值基础上发展的关系，一种有长期潜在可能性的关系。我们知道，为了使关系有切实的意义，核心价值必须一致。挑战是在早期接触的阶段，这些核心价值不容易看出来。我们必须使用意识三角把它们挖掘出来，我们从 3 个成分的每一个角度来讨论这个方案。

感觉者在任何情况下都有优点和缺点。感觉者能意识到热情的重要性，比工作者和思想者与他人更容易沟通。这对于一个想建立关系的人可能再好不过，而对于其他的人来说这可能会造成一种"草率"的感觉。

感觉者与他的内心世界连在一起，体验激动、高兴、乐观。感觉者与别人分享核心价值，感到志趣相投时，他的能量会很快膨胀。

在寻找一个更加长久的关系时，必须从意识三角的所有角度来提出一些更深层次的问题，并回答这些问题。

感觉者会对这种向他人施加的强烈感情做出回应。但一般来说，不做任何前期的沟通，别人就会与你拥有相同反应的概率是

极小的，所以感觉者可以利用他们感情的整合点——一个有趣的、吸引人的一个成分，一个很少产生负面反应的一点来达到目的，因为感情是明明白白的。

感觉者敢于大胆表白自己，这种品质是非常有吸引力的。优点和缺点一起展现出来，这种品质几乎总是带来正面的回应，感觉者要熟悉这种力量。然而，感觉者需要呼唤思想者和实干者以找到并把它们整合在一起。

感觉者要对核心价值提问，这就假设前提是感觉者事先认定了自己的核心价值。感觉者需要知道他是否珍视个人成长、健康的生活方式等。在保持沟通的同时，感觉者还必须要清楚个人责任的重要性。

可能感觉者现在对于这些问题会有畏畏缩缩、不屑一顾的想法。如果你不想浪费你一生中数月，甚至数年的时光，为了拥有一个良好的人际关系，这些问题必须要问。

在整合了思想者分析各种可能性的能力之后，感觉者就要呼唤实干者了。实干者把这些问题推向核心价值并付诸行动。为什么要等 5 年？现在就做吧，我们现在就把这些问题摆出来。

通过把思想者和实干者整合进来，感觉者有了更多的机会来很快判断出他人的核心价值是否与自己的核心价值一致。

做思想者有利也有弊。思想者会考虑他人是否在核心价值方面与自己一致。思想者一般明白自己的核心价值，这就产生了一种奇特的现象：根据吸引的规律，一旦你设定了一个意图或者愿望，你就会把有助于实现你意图的人或者情况吸引到你的生活中来。思想者比感觉者和实干者更容易排除干扰。作为一个理性的或逻辑的存在，思想者不会去做与核心价值无关的事情。

思想者理性的一面令其倾向于避免冒险、讲究平稳，否认许多在理性前提下可能是令人兴奋的、重要的关系。没有以已建立的核心价值为基础，思想者很难发现一个与他的理性标准相匹配的人。记住：要想找到一个办法拒绝一个人，在一个人身上找毛病要比接受他、拥戴他容易得多。

思想者需要向意识三角寻求帮助，思想者必须呼唤感觉者，问一些基本问题：

我对这个人感觉怎样？

在这个人面前我的精神面貌如何？

我兴奋吗？

我与一般情况下感觉不同吗？

思想者还需督促实干者采取行动，大胆把自己展现出来，让自己看得见、摸得着，甚至允许理性的、逻辑的方面暂时处于停滞状态。通过释放情绪体，思想者还可以获得能量来激活实干者，产生一个使用更少的支配成分的双赢。关键还是三者的整合，产生意识三角中心的力量。

实干者最大的优点是愿意采取行动与人交往和沟通，这在抓住机会方面很重要。实干者通过实验和筛选，能够与别人建立牢固的关系。这种公开努力使实干者用最大的力量，最终把行动引向好的方向。

实干者的不足之处是考虑不到哪些行动是最重要的。实干者必须停下来问：

什么对我重要？

我对此感觉如何？

换句话说，实干者需要停下来或者放慢速度，需要与思想者和感觉者整合，建立明确的核心价值，实干者需要问：

什么样的人能给我带来快乐和幸福？

我怎样才能体验到快乐和幸福？

行动不能因缺乏明确的核心价值而被抹杀。实干者如果没有一个明确的理解，就会把一生中大部分时间用于工作，结果得不偿失，毫无幸福可言。通过停下来分析，努力与感觉者联系，实干者可以再生机勃勃地回到工作中去，带着更明确、更热情的目标回到一个能够找到好伙伴的环境中去。

注意：有时候直截了当地发问不一定可以发现核心价值。我们必须观察行为、一致性、矛盾性和它们所展现的特性。比如，仔细评判一下一个离了 3 次婚，没有给孩子支付抚养费，信誉很差却口口声声说自己把承担个人责任作为核心价值的人。

然而，许多人可能不用"个人责任"这类词，但是他们对于生活、工作、家庭等各个方面都非常有责任感。在这种情况下，虽然还没有达到预期的效果，事实上个人责任就成了这个人的核心价值。

某人声称把个人发展作为核心价值，可是你一问起来，他还没有读过一本相关书籍，没有听过相关课程，那他就暴露了自己。反之，一个没有有意识地把个人发展作为核心价值的人，看自学成才的书，还主动地去进修这方面的课程，即使他没用"个人发展"这类词语，可他就是这类人。

可以从许多方面来判断一个人是否有良好的习惯——这是他们生活的全部吗？他们自己做饭吗？他们是否在户外工作？他们吃得健康吗？他们夸夸其谈还是脚踏实地？观察和了解我们的生活方式很重要，我们常常可以学到没有听过的东西。

我们也像前面那样来举一个例子说明吧。徐阳单身很久了，在谈了几个女朋友并分手之后，他开始逃避约会。虽然他也照常参加社交活动，但似乎不想与任何人有瓜葛。显然他出现了什么问题。

徐阳的朋友敦促他与人交往，频繁地邀请他吃饭、参加聚会，但他往往会拒绝。徐阳说话非常幽默，人人都喜欢他，可他的思想有时就是转不过弯来。

王旭则相反。他为人友善，性格外向，喜欢社交，一有聚会就参加。王旭每隔几个月就有新的女朋友，问题是他和一个女朋友保持关系的时间从未超过半年。像徐阳一样，王旭也不幸福，他需要某种更深沉、更有意义的东西。

王旭和徐阳在同一个办公室工作。虽然不是好友，但王旭常常告诉徐阳他和女友最近在餐厅里吃午餐时浪漫地分手的事情。徐阳问王旭怎么事先不知道这些令人心烦的事呢。王旭生气地说他从来没问过，也不会去问。徐阳说那多难堪啊。王旭回敬徐阳，问他最近有约会吗。谈话最后以王旭挑战徐阳去参加本周五晚上的舞会为结束，徐阳勉强同意了。

在我们继续讲这个故事之前，请注意：意识的 3 个部分缺乏整合。王旭是一个死板的感觉者，很少去碰及思想者那部分；徐阳是一个典型的思想者，很少让感觉者表现出来。虽然他们两人都拥有所有的 3 个部分，但都很死板，像我们所有的人一样。

徐阳信守承诺，来到了夜总会，被连拉带拖地拽进了舞池。尽管开始有点心不在焉，但是他慢慢地进入佳境。在跳舞的过程中，他注意到他的舞伴约赵芬与以前大不相同了。徐阳认识约赵芬好几年了，不知为什么没有相处下去。

在舞池中，徐阳触及了他的感觉者，以新的眼光看待同一个人。在度过了多年来记忆中最愉快的晚上之后，徐阳决定找个机会（实干者）邀约赵芬出去。

请注意意识三角的力量。徐阳一旦触及他意识中的其他两个成分，在思想者的指引下，他在同一个人身上获得了戏剧性的不同效果。所以说，可能性总是存在的，这就是徐阳的故事中最有趣的方面。

徐阳本无心触及他的感觉者，这只是发生在他跳舞时候的一种"感觉"活动，因为规律在起作用，他通过默认取得了强有力的结果。想象一下，如果他有意识地应用意识三角的规律，他会继续获得什么结果？

意识三角之所以叫作"意识"，是因为这是我们所有的人在任何时候都可以使用的工具。我们必须训练自己来使用这个工具。

王旭一反常规，整个晚上都在与宋娜深谈。宋娜是王旭两年前约会的女性，后来像王旭正常发展的那样谈崩了。可是这一次他与宋娜好像在一种完全不同的层面上进行沟通，他们谈论真正感兴趣的内容，双方不断互相问长问短。也就是说，他们不知不觉之间有了共同的核心价值。王旭后来告诉徐阳说，宋娜是他遇到的最迷人的女性。

注意王旭的热情，他仍然被以支配性的感觉者成分驱使着。

但是，当他引入思想者成分，他就进入了全新的发现之旅，发现了比他原先知道的更大的基础——共享核心价值的基础。像徐阳一样，他可以以全新的眼光看待同一个他曾经约会过的人，然后他激活了实干者成分，邀请宋娜吃晚餐，进行下一次谈话。

意识三角作为一个整合的系统在起作用，所有的方面必须为充分的幸福、平衡和财富服务，这充分表明：

了解你的感情、通过你的知识来处理它不激活实干者成分是一个巨大的浪费。

不了解自己的感受就采取行动同样是浪费。

知道某件事而不采取行动不会产生积极的结果。

感觉某事而不以理性或逻辑来分析，不根据这一特质而行动几乎产生不了什么价值。

意识三角的作用是，当我们明白要从核心价值处进行操作，整合感觉、思考、行动三者时，我们就击中了要害，就会得到不同寻常的结果。

那么我们怎样运作才能识别我们自己和我们周围的人原始运作的模式呢？方法就是要注意倾听自己的心声和他人的心声。你可以从感觉者那里听到下面的话：

我知道你的意思。

我太激动了。

我太幸福了。

我太高兴。

我太生气了。

我太后悔了。

这使我很伤心。

句子中通常会表现出一定感情——兴奋、高兴、生气、愉快、悲伤、气愤等。要认识一个感觉者，我们肯定会听到这些词。如果你使用"感觉"词，就可以更好地与感觉者交流。你可能会从思想者那里听到下面的话：

这有意义吗？

这符合逻辑。

我认为……

我对此事的意见是……

这些句子包含理性，表达的形式独立并带有知识性，在很大程度上缺乏"感觉"。所以，你只有使用符合逻辑的陈述，才能与思想者更好地进行交流。

要认识实干者，你必须追得上他们，因为他们总是在"动"——手里总是端着杯子，总是在打电话，从不停息。不管你问什么问题，实干者都会对你说他们正在做的事情、他们到过某地、他们要去何处……实干者最容易与行动和以行动为中心的话题扯上关系。

为了合理地使用意识三角的力量，我们必须先确定我们自己原始的运作模式，然后就可以触及其他两个成分，不断地整合应用所有的成分。

　　运作意识三角的结果是你以最可能、最有利的方式在生活中创建幸福、平衡和财富——通过知识的运用，并伴随思想、情感和激情去行动，在整个过程中感受成功。你的事业会蒸蒸日上，你的幸福指数将达到巅峰。这就是实现释放你的能量的意义！

每一天梦想练习

·自我究竟在哪里·

›感 知

　　自我消亡了！四周万籁俱寂。

›沉 思

　　到目前为止，所有的地方都找遍了，还是不见我的踪影。那么，我到底是什么？也许只是一种虚拟的幻想？我真正应该观察和审视的对象应该是寻找自我的过程？一旦心灵认识到身体并不是实体的存在并接纳这个事实时，就能很容易地理解其实大脑也不过是各种聚来散去的影像和觉知，同样也是非实体的存在。因此，身体、大脑都不可能是我。

›冥 想

　　重新回到例常的专注力练习，以 3 个回合的呼吸调息开始，然后将注意力集中于前额中心。白天的时候，心神专注于大脑中出现的种种思绪，并不断地体验和感受。观察琐碎的念头和想法是如何产生并逐渐发展、扩大的。

·以旁观的姿态审察内心意念·

»感 知

应该试图去了解你自己，而不是别人。

»沉 思

我可以去学习、了解很多东西，可是如果我只研究自我，探索自我，直到悟出真谛，这需要多久呢？而我又能了解多少？

»冥 想

将练习延长至 30 分钟。注意力集中于体位、呼吸、冥想对象时，潜意识中持一份温柔仁慈的怜爱。并慢慢将这种情感播撒，从自身开始，扩及朋友、陌生人，以及难以相处的人，乃至世间万物，一切有情众生。冥想过程中千万不要去计较个人得失。保持专注的状态、控制好正确的体位、呼吸。随着你摆放身体和控制呼吸越来越游刃有余，流畅自然，杂乱的思绪会悄悄潜入脑海，形成各种各样的画面、话语、内心独白等，交织穿梭着。不要介入，不要试着去停止，采取旁观的态度，看着它们慢慢汇聚，然后悠悠散去。

· 从对外界的关注转向对内在世界的探寻 ·

› 感 知

在梦中恬然安睡，黎明悄悄降临。

› 沉 思

哪些是我可以依赖的庇护所呢？银行存款、健康的体魄、宗教信仰或是亲朋好友？庇护所是危难时刻安全的港湾，我能够从中寻求栖息和佑护。暂时忘掉尘世的纷争和困扰，眼前一片平和，看不到任何疾苦。就像长眠于地下一样静谧。

› 冥 想

以前你的兴趣和热情的焦点都与现实中的世界息息相关；但是现在，内在的世界如同一个磁场慢慢将你的视线吸引过来，注意力向内转并发现了新的精神本体。继续专注力的练习，专注的对象可是鼻尖部位，也可是新的冥想对象。

· 学会倾听自己的心声 ·

›感 知

思想追求自由，追求天马行空；盼望可以摆脱一切束缚，无拘无束。

›沉 思

我为什么不愿意根据自己的心意行事，随心所欲、率性而为呢？假如将要发生的事情糟糕透顶，那会是什么样的呢？如果，有一天，我可以不计后果地任意妄为，我会去做些什么呢？问题在于，当用感情代替理智指挥行动时，我不知道这些事是否会给我带来麻烦。我能随机应变吗？如何学会倾听自己的心声呢？

›冥 想

继续鼻尖专注力练习，将注意力集中于鼻尖吸气部位。今天没有必要一直数数。如果一直无法保持专注，可进行倒数，使注意力集中。

·面对真实的自我·

› 感 知

没有什么能永生不朽；穷人一文不名，富人虽家财万贯，但同样避免不了死亡。

› 沉 思

我到底是谁？抑或，我是什么东西？我是不是在自己身上下了一笔巨大的赌注？有时候，维持现有的形象和个性令我烦不胜烦。我为什么非要苦苦支撑呢？如果我不停地努力去改变自己，练习有可能取得进展吗？进展是不是从面对真实的自我开始，甚至在我毫无察觉的情况下就已经来临？

› 冥 想

3个回合的呼吸调整后，将注意力集中身体一点。如果对某一个中心格外敏感，或者你的注意力不自觉地转移其上，那么每节练习中就将专注力集中于该特定的中心进行练习。

· 对自我进行深入剖析 ·

›感 知

　　狐狸捕获了一只鸡，誓死捍卫自己的猎物；心灵则无悔地追求启迪。

›沉 思

　　改变"我"念意味着去除骨子里流淌着的个人特质，放弃某种视若珍宝的东西，相当于一层层地剖析自我，使之完全失去神秘性。这种剖析不可或缺，因为每个想法、每种情感都与这个"我"分不开。我没有办法脱离"我"做任何事情，包括剖析自我。其实正是"我"直接指挥着行动，并通过行动巩固其自身地位。

›冥 想

　　进行前额中心的专注力练习：关注在双目之间和眉眼以下部位。这种非物质的宁静状态是你经过一番辛苦后才建立起来的，现在让你从中离开可能有点舍不得。但是应在维持心神平和的同时，将练习慢慢向前推进。

· 思考生活，掌控自我 ·

›感 知

　　深邃的思考给人以启迪；启迪则是深刻的思想。

›沉 思

　　我的生活就像是一系列的圆圈，不断堆积，呈螺旋式上升，如同一座高耸入云的城堡。过去发生的每一件事，都给城堡添砖加瓦，使之愈来愈高。当我辗转于尘世，历经各个圆圈的种种时，总觉得背后有一种无形的力量在操纵，推来搡去，有时候让我茫然不知所措。我想：如果这种圆圈层积被打断，会出现什么情况呢？

›冥 想

　　冥想最好成为每日例行之事，这样练习进展较快。滴水穿石，铁杵成针，需要的是坚持不懈的恒心和毅力。刀刃变得迟钝后，才开始打磨，刀刃很难恢复原先的锋利，甚至无药可救。还记得每节练习前 3 个回合呼吸的呼吸方式和体位吗？细心检查，确定自己没有遗漏其中的任何一个环节。隔些时日，都会在开始的练习中加进新的练习程序，热身变得越来越复杂，但不可或缺。在你冥想日益深入的同时，可借助于热身维持身心平衡和谐。

·让信念与智力协调发展·

›感知

人们总是誓死捍卫他们的信仰，但是很快，他们丢失的恰恰就是信仰。

›沉思

绝对不能好高骛远，我的信念和智力，两者应相协调，这是显而易见的。如果信念薄弱而智力强盛，我将把练习分析得体无完肤，注意力因此根本就无法集中；如果智力薄弱而信念强盛，我将缺乏应有的辨别力，人云亦云，失去创新和判断意识。最后，发现自己在不知不觉中误入迷途，进入了重重迷雾，感悟、自由和无私的爱都与我无缘。

›冥想

一些人很快就能获得感知、体悟；而对于另外一些人，感知则来得慢些。欲速则不达，匆忙急躁，于事无补，而且在精神领域的追求中，是不可以相互比较的。因为每个人的精神世界各有不同，不要担心练习是否取得进展，更不可热衷于与他人攀比，因为进展通常在你毫无察觉的情况下发生，比较毫无意义。有一天，你发现灵感突然源源不断，体悟不知从何而来，蜂拥而至。实际上，你脚踏实地的刻苦练习就是体悟的源泉。

· 放开约束，自由发展 ·

›感 知

　　真正意义上的纪律，其实不是加以约束和训练，而是任其自由发展。

›沉 思

　　与每天做这做那，疲于奔命相比，我宁愿做一些自己想做的事，可是有什么用呢？我从不曾改变，因此还继续像陀螺般在生活中打转。也许真正的纪律不在于外在的约束，而是来自内心。这样换个角度看，问题可能会柳暗花明，有一条崭新的道路在等待着我。没有了规则的严格约束，以自由取代强迫，说不定这样的纪律实施起来会事半功倍，依靠人自身内在的智慧和自觉性，使生活变得更加轻松，有条不紊。

›冥 想

　　起初，你只是盲目行事，直到有所成效时，才会感到豁然开朗。因此，应制定好长期修习的计划，并严格遵照执行。开始修习时，内心是杂乱无章，起伏不定的，甚至不断反抗。心情好时，练习一下无妨；一旦心情恶劣，根本就不会记得有修习这回事！世事千千万万，莫不比冥想修习趣味盎然。人总是在永无休止地思索一些事情，你把思绪拉回来，它会再度逃开，就是不会出现纯粹的空无。

·运用专注力进行更深入的观照·

›感 知

清醒的意识能够结束没完没了的寻觅。

›沉 思

一个轮子，如果被取走了辐条，会发生什么情况呢？显然，轮子立刻就瘫痪了。如果我的"辐条"也不见了，除了展翅飞翔脱离地面外，我还能有什么选择吗？

›冥 想

你的身体是物质的；思想是细物质；无边的空间则是非物质的雏形。在冥想过程中，经历了这三个阶段，是不是就算大功告成了？远非如此！接下来，该是专注力发挥其作用的时候了。运用如刀刃般锐利的专注力进行入木三分的观照，观察入微。继续将注意力集中于该无边的空间。

· 成为一个身心和谐的人 ·

›感 知

栖息于永恒的怀抱之中。

›沉 思

短暂的体悟转瞬即逝，只会在电光石火间予我以灵感。想象一下，所有曾经经历的体悟都转化成为你的知识，如同印在书本中的教义，已经遗留在了记忆的沙滩，而现在的每一刻，都充满着新颖的创造力。有些人认为阅读这本书并相信书中的描述，即使不付诸行动也能得到启迪。实际上并非如此，因为他们身上的矛盾并未得到化解。我更加清晰地感到如果每天没有这种感知，生活将会变得支离破碎，难成体系。预先的感知就像是诱饵，吸引我一步一步地推进练习，叩响开悟的大门，成为一个身心和谐的人。

›冥 想

调整呼吸将注意力放在身体某一点。如果没有特别的部位吸引你的视线，将注意力集中于前额中心即可。

第 5 章

生活的梦想，就是为了梦想的生活

终极梦想生活：工作－家－休假的真正平衡

我们先来看一个平衡生活的案例：

薛哲文6年前加入了某市青年精英派俱乐部，成了它的会员。成为该俱乐部会员的条件非常苛刻，只有总经理、副总经理或者年销售额超过3200万且员工超过30人的销售总监，并且年龄不超过39岁的人才可以加入。该组织拥有全球约9 000位最成功的公司领袖。

所有的会员都要参加被称为"论坛"的小组讨论，论坛每月开一次，每次至少要进行4小时。在论坛上，你有机会接触到很多与你同行业的领袖，可以听到他们如何拼搏、如何取得成就、怎样面对挑战的故事。

薛哲文在青年精英派中担任论坛主持人。为了恰当地领导小组，主持人要接受特别技能的训练。由于我的天性，薛哲文对担任论坛主持人的过程中会产生什么结果很感兴趣。俱乐部为了确保满足会员的期望，经常对其会员进行问卷调查。800个会员中提的最多的是"平衡"，这一直是薛哲文在会议期间最感兴趣的问题。因为大多数的会员中不管有多成功，他们都会期望事业、家庭和自我空间能达到一个和谐的状态。论坛有一项规程，要求会员以"更新"开始，根据会议的规模，每个发言人的发言时间要保持在 5 ~ 15 分钟，不要谈度假、带着家人到了哪里或其他的琐事。论坛规程要求"更新"包括以下内容：

你的生活发生了什么？

在未来的 30 天里，你要经历的最重要的事情是什么？为什么对你重要？

你对这件事情投入了什么感情？

这项议程被严格地执行了下来，"更新"做得非常出色，增加了发言人与听众的亲近感。

案例中，"更新"是会员在表达他们对生活中发生的事情的感受的气氛中进行的。自我展现创造了真正亲和的气氛，这是与他人沟通的唯一有效方式。其实可以看出，人们真正寻求的不是平衡，而是沟通。他们需要亲切感，需要他人听到他们的心声。

如果人们把人生中的平衡作为问题来描述，那么从前理解的平衡不是我们真正需要的，我们真正需要的是融合和沟通的生活方式。

打破旧的平衡理论，追求"我想要的生活"

平衡的概念最早被提出，是在20世纪60年代或者20世纪70年代。这是劳动者第一次想要实现事业和个人生活之间的协调发展所提出的概念。传统模式是一周工作40小时、60小时或80小时，然后在晚上或者周末与家人一起团聚。

传统的上班是一种状态、在家是另外一种状态的概念已彻底落伍了。它在现今高要求、高速度的社会里已经过时，不再适用了，但是至今还有很多人仍抱着对他们个人极为有害的这种旧观点。

我们有多少人听过朋友或同学说过他（她）的"工作个性"，即他（她）在家里与在办公室里判若两人。有些人好像还对此引以为豪。这就引发了一个基本问题："哪一个才是真正的自己？"如果有冲突，通常的回答是："哦，我两者都是。工作时我是工作者，在家时我是家人。"

深究一下，绝大多数人在工作时会带上一种"面具"，这掩盖或模糊了他们真正的自我。从理论上讲，一体双态的特点可能在工作受地理位置限制时管用。但是，仔细思考一下，只要有紧急情况发生，就会出现只有一个个性的现象，知识化的两人概念消失，只留下一个真正的人，这说明双态同存的理论是站不住脚的。例如，下班后的"社交狂人"在上班时穿着保守的服装出现在办公室。但是如果在周末没有分清所扮演的角色，即使掩盖得很好，他（她）也很可能出现角色混乱的情况。

C 在变化中寻找平衡，积聚反转生活的力量

经典的平衡论把生活均匀地分为 X——上班时间，Y——个人生活时间，Z——精神休息时间。绝大多数人没有第三部分时间，他们辩解说他们追求的是工作和家庭之间的平衡。

大多数情况下，人们都是为了工作而牺牲家庭。平衡从理论上的 1/3 变成了更加现实的工作和家庭各占一半，工作优先。换句话说，整个平衡论是不均衡的。人们为什么会这样呢？简单地说，这个平衡模式的潜在假设就有缺陷。它暗示我们必须不断在个人生活和工作之间做出残酷的选择，像家庭阵线和工作阵线之间的谈判。这个暗示是由于我们对自己的核心价值和生活目的的不明确造成的。

假如你赚了很多钱，工作不再对你形成挑战，不再是你必须要完成的事情，你会做什么？你听多少人说过"只干 20 年"或者"干下去"直到退休？如果他们依靠的养老金或者退休金没有了怎么办？现在怎么办？

目前的工作不能实实在在地让人感到舒服，是许多人已经接

受了的一个自我否决或者不断进行自我牺牲而没有回报的生活方式。这对于发誓要过穷日子的人来说是真话，不幸的是，绝大多数人没有发过这样的誓，但又实际表现了这一行为，这再一次说明了他们缺乏核心价值。

有多少人自愿做他们不想做的工作来装门面？有多少父母为孩子做牺牲，内心有怨言却又标榜自己或者寻求配偶和朋友的赞许呢？所有这些行为都不能达到平衡。

另一种过时的平衡观点是，花大量的时间与家人或者所爱的人在一起就能够弥补损失的时间。例如，某个人忽略了家庭好几周或好几个月，他认为一个月的假就能补偿，他也觉得这一猛剂量的时间可以恢复家庭平衡。

这个量的时间概念是一个谬误，它没有考虑到每一个人的愿望，所以不起作用。一个月的假可能起到弥补的作用，甚至会很愉快，但是，在每一位家庭成员最需要的时候与其进行亲切的沟通对于追求幸福、平衡和财富要更合适，更能持久，当然作用更大。

量的时间很难在普通生活中起到作用。这好比在某一天喝下大量的水，再连续几天不喝水，或者在周末狼吞虎咽之后饿上一周。人类对于亲近的需求是持续的，不是能够用短期内的过度饱和的补救就能够满足的。只有明晰了核心价值才能使日常行为满足这个持续需要。

我们看另一个有缺陷的概念——"质的时间"。质的时间被定义为留给孩子或配偶的时间，比如晚上从 6 点到 7 点倾听他们的心声。这忽视了方便的时间，他们可能在其他的时候才有需求，而在他们方便的时候你却不方便。

质的时间为你在他人需要亲近、希望与你沟通的时候你没有满足他们的需求找到了借口。你只要把你的时间表强加给他们，然后就万事大吉，这在当今高要求、高压力的社会是行不通的。我们需要亲近时就应该亲近，不应去遵循某种日程安排。

日程安排和与爱人随时进行沟通可能有冲突，但这并不能成为沟通质量下降的理由。质的时间没有考虑到其他人什么时候会产生需要，因此它不起作用。

⬤ 优化平衡，找到工作和生活的控制感

工作性质现在已发生了很大的变化。计算机的发明使个人与公司从几十年前的固定办公的工作方式中解脱出来。网络使人们可以在办公室或工厂之外的只要有网络支持的任何地方办公。

我们许多人远离公司在家里工作，大多数人不再是朝九晚五地工作。即时通信、电子邮件和其他技术使人们在方便时就可以把工作做好，手机使我们远离了传统的角色，价格低廉、舒适方

便的交通使我们可以到任何地方出游。这使我们有了更新现在和以后的平衡概念的需要。

平衡的目的在过去 30 年得到了充分的揭示，希望在生活中得到更多平衡的人在追求具体的事物。平衡本身像一面红旗、一只不停飞翔的大海鸥，要求追求它的人问一个根本问题："我究竟在追求什么？"

人们想要别人以一种有意义的方式倾听他们的需求，认可他们的需求，特别是对于他们重要的人，对于那些想要沟通的人尤其如此。这些需要都不是时间能够解决得了的。

平衡不是零和博弈——如果这儿多了，那儿就少了。我们需要一种新的模式，新的理解——平衡是一种融合和沟通的生活方式。

◖ 创建沟通的生活方式，没有一个梦想可以纸上谈兵

融合和沟通的生活方式是指工作中的你与生活中的你没有区别，在你身上只存在一个完整地展现快乐、热情和创造力的自我。

你有时候在一个方面比另一个方面表现得好的事实不能使你变成两头一身的怪兽——你应以一个融合的、完整的你在工作，

而不是以截然不同的个性在工作。

如果你是基于核心价值而生活，那么你的每一天、每一周、每一个月的行动都是被核心价值驱动的，你不可能有一个符合于你的个性的工作或职业个性。

你就是你，不需要在不同的角色之间或者不同的地点更换个性。

融合和沟通的生活方式还可以与我们曾经知道的生活方式做对比描述。我们大多数人都是在父母在家时和上班时有巨大反差下成长的。爸爸穿上西装打上领带出门到某个地方去上班，干着几乎与他的热情没有任何关系的工作。

在大多数情况下你的工作是由外部环境决定的，比如说，你在乡下长大，你可能会当了农民；如果你的父亲在工厂或者工矿工作，你很可能步他的后尘；如果你的母亲是一个家庭主妇，你也可能变成那样的角色。驱动力主要是你要重复你父母的工作模式。在现今知识年代里，你的职业生涯有更多的选择。

现在的年轻一代人对于父母亲的工作模式不屑一顾："我才不会那样去工作。"但是，你当时不清楚若不像父母那样去工作是否会有更好的选择。做出这样的决定大部分是由于我们还没有想出更好的模式。

我们见到痛恨自己工作的家人每天都无快乐可言，我们见过痛恨自己职业的人酗酒、胡思乱想，我们见过由于不满意工作环境而导致家庭破裂，所有这些情况产生一个结论："那不可能是我。"这句话播下一颗种子，促使我们朝着不重复同样境遇的道路发展。

我们要把负面的想法代之以正面的想法，如："我要成为像×××这样的人。"要做出这样的声明必须对自己的核心价值有一个清楚的了解，决定我们选择什么，对谁诉说。

比如说，如果我们认为自己的核心价值是发展个人责任，那我们必须找到一个上班是一种状态、下班是另一种状态的职业之路，必须学会在两个舞台上表现个人的核心价值。

旧的模式是——我在工作，到了家我就想停止。这种模式现在不行了。融合和沟通的生活方式要求我们在核心价值的基础上把我们的工作与家人和社区的要求联系在一起，不管我们身在何处都要满足这些要求。唯一的标准就是我们声言对自己重要的核心价值。

如果我们想实现幸福、平衡和财富，就必须做自己有热情去做的事情，做于我们人生有益的事情。不然的话，我们就永远也找不到我们必要的持久能量来实现这些目标。另外，如果现代社会规定一天 24 小时都要工作，我们为什么要去做不喜欢做的工作呢？如果做的不是自己喜欢的工作，工作就会使生活索然无味。

每一个人都有与他人沟通的愿望，这是我们叫作社会的人的原因，从某种程度上讲这也是我们要结婚、要有家庭的原因。

沟通是人生经历的一个最重要的方面。每一个人都需要别人倾听，让别人了解自己的心声。通过学习我们所设计的新技巧，现代式的沟通方式可以使我们在很短的时间内能够做到这一点。这与旧的要求我们"互相花时间来维持平衡"的模式形成鲜明的对照。

"融合"是指在工作或职业生涯和个人生活之间没有矛盾，只受核心价值驱动的一种生活。

沟通的生活方式是指你与每一个在你的生活中很重要的人进行沟通的生活，你承认人人都有沟通的需要，承认有创建亲密关系、被人注意、被人倾听、被认可的愿望是人生至关重要的需要。

通过沟通的生活方式，你能够意识到与另一个人沟通不需要大量的时间。

我们受量的时间和质的时间影响太久，很容易陷入与人沟通就要花大量时间与人相处的陷阱。如果使用前几课所讲到的技巧，大胆地使用感觉词，通过有效的交际等，你很快就能与另一个人进行沟通。

在有效的融合和沟通的生活方式中，一个融合的个人要使用意识三角来分析处理核心价值，确保生活是在工作和家庭之间创造性地过日子，两者要成为一体。

你可以天刚亮时在计算机上浏览几封电子邮件，早餐与孩子一起吃，然后到办公室工作，接着与几个重要的人吃中餐，开会，到体育馆锻炼，傍晚开总结会——结束把工作与个人融合的一天。

要做到上述这些，关键是要在前面讲过的核心机制的基础上安排日程。

例如，以在假期通过做志愿工作能够养活多少人来评价自己的成功的人，可能会在一年中集中于节假日做志愿工作，不计任何实际报酬。他对于能够参与这些工作中的计划、运作、集资等感到激动，所有这些都与他的核心价值一致。他在每年做公益超过了上一年时都兴高采烈好几个月。

底线是：你是否是在核心价值的基础上进行日常生活的？在通过意识三角进行活动的过程中，个人生活和职业生活不是互相独立的，而是融合的。工作的热情与生活的热情是一致的。

感觉者、思想者和实干者任意两者之间都融合在一起。如果我们明确了生活的目的并为之奋斗，就很容易把三者融合起来。

这里有一些对比的例子：

从前，想不上班的人要存上一笔钱才行。在融合的生活方式中，这是在生活中“要做的事情”中的一条，因为生活应该如此。

从前，人们在上班前或下班后去健身房，从不占用上班时间。

在融合的生活方式中，你在一天中任何时候觉得要做工作或尽家庭义务都可以抽得出时间。

从前，如果想与配偶单独相处，你要计划"约会之夜"。在融合的生活方式中，你可以在任何一天抽出一个下午来赴约。

换句话说，因为核心价值驱使你选择你的日常生活，工作和个人生活的矛盾在很大程度上消失了。这不是关于你总共要花多少时间的问题，而是如果你知道怎么做，深层沟通是非常简单、非常容易的问题。

想象一下，你想给配偶打电话，你可能安排在你每天打电话的时间或者随便拿起电话就打，迅速创建亲近感的方式是一开始就谈你的感受。你说"我高兴""我灰心"或者"我饿"，这些话使另一个人很快了解你的感觉状态，听者唯一的回答当然就是认可你的感觉："我明白了。"对有些人来说，在开始时可能有点挑战性，时间久了习惯了就容易了，这是沟通的自然规律。

创建亲近感的能力与展现自我、向对方表达自我感情的能力是分不开的。这不需要几小时，甚至不用 10 ～ 15 分钟，亲近感就可以很快地建立起来。

面对面地进行沟通需要新的技巧，而与世界、与人生中发生的事情保持联系再容易不过了。融合、沟通的生活方式允许人们在家里、在路上甚至在度假期间或者即将度假时做一点工作，它允许我们在任何时间和地点都可以创建亲近感，不管你身在何处，办公室在哪里，世界上发生了什么事情。

融合和沟通的生活方式意味着你工作和生活的热情自然融合到你对家人和家庭生活的热情中。你需要亲近、需要有人倾听你的心声、需要认可的要求都在日常生活中得到满足。因为与共享你核心价值的人在一起工作，你利用当今世界更合适的新技巧可以自由自在、不断与你周围的人沟通。

C 每一天梦想练习

·透视生活背后的真相和本质·

›感 知

　　画家借助手中的画笔描绘事物；而古今圣哲贤人则通过自身的体验告知世人生活表面背后的真相和本质。

›沉 思

　　经过香甜的睡眠后，一觉醒来会不会发现昨天的激情和渴望不再？ 当我在另一世苏醒过来，周围的景象以及我自身会有什么不同吗？ 说不定，我摇身一变，神奇地成了一位大智大慧的圣哲或贤人呢！ 如果我的思想还会留存到另一世，那会是怎样？ 来自身体的种种欲望，我该如何应对？ 我可能会和一头茹毛饮血的野兽差不多，贪婪凶残，有一只巨大的胃，但是没有嘴巴！

›冥 想

　　进行 3 个回合的呼吸调息，然后继续鼻尖专注力的练习。将注意力集中于呼吸，留心鼻腔内壁气流经由的部位。每次吸气的时候，体验吸进的新鲜气流，观照其独特的感受。好像每一次吸进的气体都是独一无二的，以全新的感觉和精神去接受。注意呼吸，将这种感觉持续在整个吸气、呼气的过程中，并在下一次吸气时，加深对气流的感受。不要在脑海中将感觉具体地勾画出来，也不要去深究精确的部位，只要全神观照切实的感受即可。冥想过程中，释放出脑海中所有的幻觉、影像、记忆等种种画面。这可以带来意想不到的效果，放松身心，消解压力。如果注意力分散，不能完全集中于鼻腔内壁，比如说，转向了前额或心脏，千万不要试图使劲将注意力拉回鼻腔内壁，这样冥想的专注力会受到破坏和干扰。从而滋生出矛盾和混乱。不管注意力和思绪漂向哪里，你要做的就是观照呼吸的感受。

·审视日常生活，加以改进·

›感 知

今天，重焕活力！真是可喜可贺！自由了！

›沉 思

我开始意识到为未知的明天担心不过是杞人忧天。要知道，前车之鉴，后事之师，每一件事中都会有值得学习的东西；而我恰恰缺少这种感知和领悟。活在世上，理所当然要去购买生活必需品，支付各种租费账单，是责任义务，也是不可避免的现实。但是，为什么总是无中生有，担心一些虚幻的事情呢？这不就束缚了心思，始终无法获得彻底的自由吗？

›冥 想

当注意力能够集中专注于冥想对象，此时此刻，你的思想可能发生偏差，而这也是该阶段练习中练习者经常犯的一个错误——我与冥想对象同在！当然，这仅仅是一种想法。不过，脑海中一旦出现某个念头，注意力就会偏离冥想对象。思想的来去是非常微妙的，在大脑中纵横交错，因此，在深入训练的同时，要时刻保持警惕。记着放松身体的每一个部位，自肩部至面部，按照前文的指示方法调息呼吸。如果在冥想过程中发现身体不自觉地绷紧，可重新审视你的日常生活习惯，找出紧张的根源并加以改进。继续进行鼻尖专注力的练习。

· 在平凡的生活里不懈探索 ·

›感 知

　　日复一日，没完没了，是不是命运对人的作弄呢？毫不起眼的石头经过不懈的打磨方能称为光洁无瑕的美玉吧？

›沉 思

　　生活波澜不惊，平凡无奇，几乎是要让人乏味。我千方百计想制造出点惊喜，希望生活可以有那么一点与众不同，可是终究只是空欢喜一场。就像沉睡于灯红酒绿，醒后发觉一切如故，不过南柯一梦。为什么我寻找自由的地点是这样一个所在？每次试图逃离，都不会成功，或者仅能获得短暂而肤浅的轻松，不过这会让我摆脱问题的决心更加坚定，不断尝试，不断针对问题寻找出新的解决之道。

›冥 想

　　继续鼻尖专注力的训练，将注意力集中于鼻尖部位。

·涉足新的生活领地·

› 感 知

　　只有心灵纯净，保持内在世界的宁静和空明，才能够接近并领悟未知的领域。

› 沉 思

　　冥想可以让心灵更贴近感知，于是事实的本质在脑海中时隐时现，对我的思想和心绪产生直接影响。直接但深入地观看自我的心灵状态，同时接受自己的本真，这不但改变我的价值观念，还把生活的河流引向了从不曾涉足的领地。不知道为什么，很多感觉、体验自然而然地显得明晰起来。有的时候还非常鲜明，就好像遇到了一个新的突破口，练习处于临界点，即将提升和凝练。

› 冥 想

　　先进行 3 个回合的呼吸，呼吸缓慢而深沉，然后进行鼻尖专注力的练习，将注意力集中于鼻尖呼吸部位。在练习结束的时候，记得闭合所有打开的身体部位，好像傍晚时分，开放的花瓣收拢。

· 尝试从新的视角看问题 ·

›感知

为什么会有如此多的人、事、物？为什么不是一片空荡荡呢？

›沉思

脑海中的确有几个根深蒂固的问题，让我无法释怀。如：生活的目标是什么？是不是矛盾的统一体呢？我为什么活着，难道就是为了承受痛苦吗？当然，肯定还有其他一些原因，也许和某些事相关。能不能置这类问题于一旁，不加过问呢？终有一天，这些问题会自行变得无足重轻，我能相信并放手吗？或许，禅师说的没错：终有一天，我将不再需要答案。是谁心中存有疑问并发问的呢？那时候，我会发现现在的疑惑根本毫无价值。

›冥想

冥想的成效是循序而渐进的，非常微妙，很难察觉。有一天你会突然间恍然大悟，能够事半功倍地进行练习；而且视野一下子变得很开阔，让你从一个崭新的视角认识问题，比如变换自己的情绪等。也有些时候，冥想的作用十分深刻，给你的生活带来巨大的变化。脑海中会出现各种各样的画面，五彩缤纷，间或有明亮的白光闪过；耳畔还能听到震耳欲聋的轰鸣声；仿佛还听到有人在说教，口中念念有词。对每一种体验都保持观照，看着头脑中的思想经过，欲望、记忆、梦想、幻觉一一经过，只是远远地站着，冷静地看着它。实际上，无论冥想中出现的种种影像是否虚幻，细微的或巨大的，体验这些就像沿途看风景，虽然脚步慢下来了，但是旅途会因此更有意思，而且同样可以到达目的地，可谓一举两得。继续将注意力集中于鼻尖部位的呼吸调息。

·深入了解身边的每个人·

›感 知

当敌我双方了解颇深时，就没有使用兵器的必要了。

›沉 思

今天，看着我朋友的时候，很奇怪，我竟然在他身上看到了自己。感觉仿佛怪怪的，但是确实非常舒心。我确定每个人都会碰到这种情况，只是方式不同而已。比如说，发现两个人的手长得一模一样，两个人拥有同样的梦想，两人的思维习惯相同等等。也许这种相互间的认识是唯一可以采用的方法，能够唤起我对好友、邻居或陌生人等身边的人的爱。仅通过外在的观察，我是没有办法爱他们的，必须先要拥有这样纯净、慈悲的心，对自己宽容并克服自高自大的心理。只有到那个时候，才会真切地感受到博大的、无条件的爱。

›冥 想

继续进行前额中心的专注力练习。

·与他人和睦相处·

› 感 知

与他人和睦相处，平心静气地生活，不给他人带来伤害和痛楚。

› 沉 思

我什么时候富于同情心呢？感觉悲伤，怜事怜物，心中就会涌出一股温柔的慈悲之情。好像总是在抚平伤痛，自己的或是他人的；总想睁大双眼，仔细端详这个世界，看清黑白是非。在目睹如许挣扎于水深火热的无助和痛苦后，我还能无动于衷，超然物外吗？能够放下傲然的态度，平静地克服心中的忧伤吗？也许，正是如此这般，悲天悯人的慈悲心就出现了。

› 冥 想

冥想始终处于开放的状态，可包罗万象。许多新鲜奇妙的事物都可在其中占有一席之地。这些事物也许是你闻所未闻，想所未想的，但是它们能够折射出这个世界的变幻莫测。今天的练习中，留意当时当地发生的事情——即时情境，并将之融入脑海。在此过程中，无须练习或集中注意力。只是观照，你漠不关心地站在一旁，看着思绪升起降落，旧的思绪离去，新的思绪进入……

·按照重要程度排列生活中的事情·

›感 知

只因为出言不逊，使得精神世界里的探求前功尽弃。

›沉 思

初尝精神性的神圣滋味后，我发现自己开始按先后次序排列生活中的事情。每一个精神上的进步似乎都要牺牲掉一些世俗的利益。虽然只是表面现象、我的个人感受，但是这种牺牲却不是我心甘情愿的。最典型的例子莫过于我的言谈和性爱习惯。我只是机械地施行，从不曾像一个苦行修道者那样对自己的欲望加以约束和克制。有话要说时就觉着自己想说话，然后就脱口而出；性爱也同样如此。我从来也不用批判性地眼光看待自己的行为，更不会从根本上去改变它。此时，大脑欲主宰一切，而时机尚未成熟，因此没有必要在仓促间做出决定。不过，事情又时刻环绕左右，让我无从选择，只好匆忙之间做出改变。

›冥 想

今天的练习略有特别之处，一呼一吸前，心中先默默地期盼，等待着气流通过身体。呼气的时候就准备好吸气，也就是说急速、有节奏地、连续地呼气和吸气。但是，不要使劲，始终放松，自然地呼吸，稳定而渐进。与此类似，张口之前，心中应清楚要讲的话题和内容，对说出来的每一字都要谨慎。说话的方式和内容反映出一个人的思想深度和理解力，所以一定要小心翼翼。

·给忙碌的生活留下一些空白·

› 感 知

重重构建的空间，或是纷繁复杂的生活中，一旦出现空白，很快就被填补，塞得满满的。

› 沉 思

时间和空间广袤无垠，深不可测，不是我们能理解的。据天体物理学家推测，宇宙从很微小的物体衍化而来。可能就像豌豆那么大小的东西，几乎可以忽略不计，然后从无到有，逐渐壮大。智者圣人们也同意这样的观点，认为由无生一，进而生万物，然后万物回至无。循环往复，这就是规律。对世界了解得越多，我就越迷惑，在科学和精神间徘徊不定。但是真正的问题无关乎宇宙，而是来自我自身。能不能让生活中的空白就那样空着呢？不要试着去填补。当行动不再受制于思想时，我也许能做到。

› 冥 想

冥想过程中，思绪可能飘散，从而转移你的注意力。思绪来自你生活中的点点滴滴，如恐惧、疑问和怀疑等。你无法释怀，无法理解，无法超然。相信冥想，它一定可以帮你静心，带你寻找最终的答案。继续进行鼻尖专注力的练习，将呼吸集中于鼻尖呼吸部位。不要忘记冥想开始前 3 个回合的热身呼吸练习。

· 面对并接受本真 ·

›感知

乐极生悲，悲极生乐。不为欢乐所动，不为悲伤所恸，圣人如一株突兀挺立的苍松，孤独而高尚。

›沉思

快乐是需要敏锐的洞察力和独特的感知力的。若能够为对手的成功感到由衷的欣慰，则一定是不计前嫌，抛弃了任何嫉妒的念头。但是人总是会产生忌妒心理，如何准确地理解这种心理并超越它呢？欢乐的感受可以平抚厌恶的心绪，如何领悟其中的微妙之处呢？奇怪的是，有时候看到令人欣喜的事，心头并无欢乐的浪潮涌动。每次开怀大笑时，我都要追根究底：为什么要笑。只是感觉心头有暖流穿过，抑或，只是一种别样的收敛，以笑容掩饰真实的情感而已？

›冥想

下一次的修习中会回归到专注力的训练。不过，今天，不要急着开启开悟的大门，暂且把脚步停一停。放松，持一份超然的心情，摆脱一切束缚，想怎么做就怎么做，做一回真实的自己。气定神闲，直接但深入地观照，面对并接受本真。

·在冥想中体验自身的改变·

›感 知

信念、努力、觉知、专注和体悟构成完美极致的平衡。

›沉 思

身体力行，跟着冥想的脚步细细去体验自身的转换和改变，慢慢靠近自由，这是我的初衷，也是基本信念。信念日益加强，我则孜孜不倦、兢兢业业，付出艰辛的努力，同时保持高度觉知。毋庸置疑，深邃的专注力必须要慢慢培养，循序渐进。只有这样，我所追求的智慧才有可能得到提炼和超越。

›冥 想

专注力关注的对象应集中于以下3类：物质、细物质、非物质。你所熟知的世界就是由这三类事物构成。很遗憾的是，无论物质、细物质还是非物质，最终都将解体，化为乌有。在这3类冥想对象之外是非常神秘的空间，既不与这凡尘俗世有所关联，也不是人的智力所能探知的。尽管超乎你的理解和思维，但是还是可以通过直觉感知到。以物质、细物质、非物质为冥想对象，基于此，你可以直接获得这种直觉意识。唯一的要求就是借助于熟悉的事物，抓住现时，付出努力，不断求索。继续进行鼻尖专注力的练习。

· 简化生活，给心灵腾出空间 ·

› 感 知

　　一结复一结，缠绕反复，愈来愈长。

› 沉 思

　　事情纷繁杂乱、错综复杂，有什么办法可以简化一些鸡毛蒜皮的小事吗？我为之费尽心思，光阴如流水般逝去，生活却仍然是一团糟，几乎让我窒息，不是吗？也许是该腾出些空间了。

› 冥 想

　　眼睛闭合、张开均可。张开眼睛时，最好是半睁，也可以完全睁开，盯住前面1米左右的地方。目光应聚合集中，不要散乱飘忽。坐在椅子上练习时，双脚平放于地，大腿与地面平行，双膝盖与盆骨平齐。采取坐式冥想时，如果姿势没有调整到位，会引起后背、膝盖疼痛。即使感觉不适或不自然时，也不能很快放弃，否则不能从中获益。从另一方面来讲，关于本阶段练习中的剧痛，一定要以温和的方式克服。假如疼痛不能慢慢舒缓消失时，就需要对身体的姿势做出相应的改变和调整了。随着时间的推移，你不会再感觉到疼痛；身体的伤痛、心理的恐惧也就迎刃而解了。今天的冥想任务就是控制身体的姿势、冥想的对象和呼吸。与此同时，背部或腿部的疼痛可能会不断发生，细心留意疼痛对精神和心念的影响。

第 6 章

每一个人都能成为自己梦想的样子

设计你的生活，唤醒已忘却的梦想

在这个新时代，为了拥有实现梦想的能力，在我们感兴趣的领域里工作就变得非常重要。我们必须再次展现已经忘却了的梦想，激发我们曾经深切关怀的领域里的热情，用意识三角把这些东西挖掘出来。这是创造梦想生活的开端，它将驱动我们做出必要的努力去实现梦想的生活。如果没有热情，即使一帆风顺，生活还是会苦涩无味的。

要创造梦想生活，那该怎么办呢？我们必须激发久违的热情，像前面内容讨论的那样，要有意识，要明白：我们必须提问，甄别出个人核心价值；为了实现自己一直盼望的生活，就需要强化个人的技能和手头上的力量；然后把这些与核心价值合在一块儿，通过意识三角，利用知识的力量、情感和采取行动的能力来制订行动计划。

其前提是必须主动设计自己的生活。我们必须做练习，花时间来创建一个计划。这一章会给你一些具体的练习来帮助你走上正确的梦想之路，请做完。这些练习本身在书本上除了占用几页纸外没有什么价值，但如果你把它们作为设计你未来的一部分，那就有了巨大的价值。

在计划梦想生活的过程中，要明确自己的核心计划，提醒自己已经忘记的梦想——我们5岁时喜欢什么？重新勾起孩子般的活力和热情。

这些问题是：

你在5岁时想要做什么样的人？

你有什么梦想？

与梦想有关的目标是什么——如果你想当消防员，你想帮助他人、保护他人吗？

如果你想当警察，是否因为你记得有一个警官帮助过你的家人？

如果你想当国家领导人，是否是因为你想领导、帮助许多人呢？

如果你想写小说，是否因为你想与人分享你写作的感情呢？

你有想成为记者的梦想，后来没有实现，是否要向人倾诉呢？

有许多理由，如年龄问题、实施的难度、梦想溜走了等，可以解释我们为什么不再有儿时的梦想。现在不是停止的时候，不是自我否定的时候，不是封闭或者退却的时候，我们必须让我们的梦想走出来，唤醒每一个人心中仍然存在的那个"孩子"，让他来表演。

学会做更多的类似练习，相信会对你有很大的帮助。当然，这些练习不是放在手边阅读、思考，而是通过实践来做的。只要确实做了这些练习，你就会有你从未（有意识地）知道的在你身上存在的感情和思想。

用实际行动来做这些练习，必须写出答案。注意做事的感觉，注意集中在某一门课程上的专注程度。有些会使你的能量枯竭，而其他的可能创造出大量的能量，关键是要把所有的练习都做完。

⊂ 制作梦想板，筑一个丰盈坚定的梦想

该练习的目的是帮助你重新拥有梦想。

你需要下列材料来做这个练习：

能够立起来的 0.6 米高、0.9 米宽的粘贴板。

便利贴。

各种计分笔。

按照下面的指令来做练习：在便利贴上写下你能想到的所有要做的事情、你要去的任何地方；快速记下你曾经想要实现的任何事情；把每一张便利贴标上大粗体字母。这些就是你想要的、梦想的、渴望的、希望的宣言，尽量要大胆些。

用简单陈述句写 10 个字左右、容易辨认的简短摘要，不要写复杂的段落。不要做判断，不要做自我批评，让读者去判断。

在你不停地问自己这些问题的过程中填空：

我想要 _____。

我梦想要 _____。

我希望要 _____。

稍作变化就变成：

我喜欢 _____。

你填写完一个空之后，把它粘在粘贴板上，再填下一个，直到整个粘贴板被你的希望、梦想、需要贴满为止。

这里列举一些在幸福板上的例子：

我想旅游。

我想去俄罗斯、巴厘岛、澳大利亚、南美、新西兰、印度、巴西。

学第二外语。

达到跆拳道的黑腰带级。

掌控自己的日程表。

健康生活。

体重 88 千克。

在 40 分钟内跑完 10 千米。

爱我的工作。

生小孩（在我有小孩之前）。

有亲近的伴侣关系（在有小孩之后）。

经济独立。

有自己的公司。

在自我发展领域里工作。

教他人怎样自我发展。

在船上生活。

在我的后门外面有一艘船。

打高尔夫球在 10 杆以下。

还有 200 个其他的事情是你想要做的、感觉到的、要实施的事情，这确实是一个巨大的清单。

这些便利贴把大多数人意识到的需要和梦想如实地展现了出来。

在做完这项练习之后，问自己下面的问题：

这个练习容易还是难？为什么？

做这个练习有趣还是单调乏味？为什么？

粘贴板上哪一项使你最吃惊？

粘贴板上哪一项是你绝对要马上做的？

花一点时间来细品一下粘贴板上的条目。如果你觉得这样做很惬意，就与你的同事和密友来分享你的幸福板。问问他们粘贴板子上的条目是否反映了他们心目中的你，如果他们感到吃惊就问他们为什么。

在花时间细品了粘贴板上的便利贴，再考虑了你的核心价值之后，考虑下面的问题：

梦想板上的条目期望你什么？

需要做什么？

使用幸福板的先进技巧有助于你把板上的贴条重新安排如下：

我在下一个 10 年需要做什么？

我在下一个 5 年需要做什么？

我在下一个 2 年需要做什么？

我在下一个 1 年需要做什么？

我在下一个 6 个月需要做什么？

我在下一个 3 个月需要做什么？

我在下一个 1 个月需要做什么？

我在这一周需要做什么？

我在今天需要做什么？

特别要注意 1 年和 2 年这两项。因为这两项对于个人创建想要的生活有极大的潜力。在做梦想板练习中，人们写下了与他们梦想相关的条目，但是没有写上时间——他们总是太匆忙。

通常，这些条目需要放到"需要做什么"序列里，尤其是与核心价值一致的时候要这么做，因为这些条目是实现梦想必须满足的需要。

◖ 建立备忘录，成就梦想的实战训练

建立备忘录会帮助你发现什么是你真正重要的东西，怎样进行生活的练习，如何去很好地计划你的未来。想象我们自己的葬礼和后事非常重要，这不是故弄玄虚，而是练习一下，让你挖掘生命的意义——包括对别人。

为了达到这个练习的目的，你必须想象你去世躺在棺材里或者骨灰盒里，能够听到世人对你的评价。当然，你要确保有笔和纸在手，记下你对下面问题的回答：

想象人们来到灵堂或追悼现场，感觉一下周围的气氛。周围的气味怎样？感觉怎样？在播放什么音乐？

在你的家人来做后事时，他们穿什么衣服？所有的人坐下，别人念悼词说到你时，你的生平听起来怎样？你对你的生平感到骄傲吗？这像你的生平吗？

现在轮到你配偶来说话了。虽然因为悲伤说话有些困难，但是他（她）把你的一生做了很好的回顾，指出了你对他（她）的意义。

他（她）对你说了什么？你对他（她）说了什么？这些年里他（她）从你身上得到了什么？

接下来你的孩子讲话。他们说了什么？你作为一个父亲或者母亲对他们意味着什么？他们从你作为男人或者女人身上学到了什么？他们从你作为丈夫或者妻子身上学到了什么？他们就倾听他们的需要、他们的感情、他们的目标方面从你那儿学到了什么？

接下来你的生意伙伴讲话。他（她）就你对他（她）的意义说了什么？他（她）从你身上学到了什么？

你的密友接着讲话。他（她）说了什么？你对你的密友意味着什么？

这个练习帮助你弄清什么对你重要。你速记下来的应该与你的核心价值符合，帮助你采取需要创建幸福、平衡和财富的特别行动。

我们一旦与仍然保留的童心重新建立联系，开始描述出我们的目标和梦想图，下一步就是仔细为自己列清单了。我们现在真正喜欢做的与这些有关系吗？我们有什么技能能使我们实现梦想吗？同样重要的是，我们失去了什么技能？我们在哪里能找到这些技能？我们知道谁能够帮忙吗？

在寻找帮助这方面，我们必须记住我们认识的大多数人都是以他们通常的方式来看待我们的，我们得到的反馈可能没有什么用。再考虑一下家庭关系，家庭成员可能没有能力看得出我们正在寻求新的出路、需要不同的建议。

我们寻求帮助的其他人也抱着同样的逻辑。在我们认识的某个人只是以过去的眼光来分析我们，而不是我们要变成的那个人的时候，我们需要仔细过滤来源和信息。在这个方面，找到最好的想法没有什么不对。我们寻求的帮助者必须满足我们的目标，即帮助我们找到自己新的出路。

让我们来分享一个生活中的例子吧，或许可以向你说明怎样描绘这个梦想蓝图。

◯ 只要你想，你的梦想都能实现——乔启晨的故事

中国家庭成员间的感情表达是非常含蓄的，但多数时候感情明确表达出来才会让人体验到幸福感。故事的主人公乔启晨就在做这样的尝试。

多年以前，乔启晨就认识到他的情感期待之一就是想要与父亲有更深、更亲密的关系，很不幸，父亲为了养活4个孩子工作太忙了。而作为家里的老大，乔启晨必须要替父亲分担一定的压力，父亲也认为老大就该有老大的样子。

乔启晨在 5 岁后便得出结论：想要从父亲那里得到亲密是一种奢望。令人失望的是，不仅他对亲密的渴望错了，连他的核心价值都错了。这是一个孩子能得出的唯一结论。

乔启晨的情感取向使我的希望、梦想和热切的渴望都错了。他认为它们值得追求的想法错了。

由于乔启晨对他的情感取向所做出的结论，他学会了压制许多其他的情感、需要和期望。在很小的时候，他就要做"一家之主"——他必须认真承担的责任。作为家里的老大，他知道他不能与父亲保持那样亲密的关系，他要保证照父亲的话去做。

很快到了 30 岁，在与父亲进行更加有意义的沟通无果后，乔启晨慢慢感觉到其他的办法可能奏效，于是他再次做出了尝试。

无论是从个人来讲还是从事业上来讲，30 岁的乔启晨都正在经历一个挑战时期。回顾了前 10 年，他认识到他的生活与他拥有的真正抱负是多么失衡，是那么缺乏沟通。同时，他开始就自己的核心价值进行内心反省。

乔启晨对与父亲没有更亲密的关系感到很伤心，认为自己这种要求并没有错。更重要的是，他这点要求和渴望不仅是人之常情，而且是健康的，他应该得到满足。

乔启晨在哀悼失去的亲密关系后不久改变了这个想法。他不得不为他的要求未得到满足而悲哀，这对他来说是很残酷的，但是值得这样做。他不能一个人完成这个情感历程，需要某一个人来为他的痛苦做见证人。他确信在人生的艰难时段几乎每一个人都需要帮助。

在乔启晨面对为事业发展方向下决心这个挑战的时段，他认识到他应该向父亲取经，和他谈谈生意上的事情。于是，父亲与他商量不要再乱做什么风险投资，而是要做回物流行业去。他想父亲给了他心中期待的最好的建议。

乔启晨找父亲沟通一方面是因为他相信父亲的生意经验，相信他的指导；另一方面是因为要沟通在其他方面失去的沟通。虽然父亲的生意经验一直都靠得住，但是永远代替不了乔启晨从小以来的需求和希望的那种真正的沟通，因为它没有感情，没有激动或渴望。

在乔启晨为生意发展方向做决定的时候，他知道他要把技艺和抱负结合起来，因为父亲不是他所期望的那种可以沟通的人，他还得为他自己的希望和梦想负责。一旦认识到这一点，乔启晨为父子关系不能如愿感到悲伤时，他就很容易自己向前走，他得放弃他"做个好儿子"或者"按照爸爸希望的去做"的期待角色，去做他真正想做的事情。

至关重要的一点是乔启晨知道了他的情感取向——不管他父亲有没有这样做。这样他就感到激情倍增，做什么事情都有干劲了，并很容易得到这样的启示："我没有错，我渴望一个更深层的、有意义的父子关系没有错，我要做的是认识到情感取向情结的巨大牵制作用，认识到一个成年人不能被它所牵制，应该向前看。"

乔启晨还记得面试时跟人事主管说的话："我要回到物流行业都是因为想跟我爸爸沟通。"做出这样的决定让他如释重负，他永远也不能忘记面试完回家路上的那种轻松又富有激情的心境。虽然人事主管不能明白乔启晨说这话的意义，但这是他对自己和对他的情感取向做出的声明和宣言，这使他脱离了情感取向的桎梏，使他从现在起用技能来弥补他在父亲情感上的遗憾。

◖ 把握机会，梦想落地成真的秘诀

我们一旦明确了自己的梦想，虽然明知要面对讥笑和阻碍，也要大胆展现我们的目标。我们必须寻求他人的帮助，如我们的同事、我们尊敬的人、好的行为榜样等。

在我们的圈子里，总有那么两三个人影响着我们，能够让我们找到真正的自我。但我们通常不知道这两三个人是谁，我们不知道谁是我们应该找的人。

追逐梦想或者面对障碍的关键是跳出自我束缚，大胆展现。向他人取经，直接或间接地讨教的过程和练习会得到回报，我们很快就能知道谁可以帮助我们，谁不能帮我们，谁会阻碍我们。

在你的圈子中有些人会给你反馈，因为他们对你很了解，知道你的能力和兴趣，给你提出线索，告诉你哪里有宝可以挖掘。记住，在发现宝藏以后宝是什么就很清楚了，但是，在这个过程中，宝是什么还不太清楚。

你对于给予你帮助的人和给予你启发的人要真诚致谢，对于没有帮助你的人和要你安于现状的人也要表示感谢。要听谁的是你自己的事，你自己拿主意。你应该把握时机，不要失望，认真倾听反对者说你的想法如何不实用，从而进行改正。

在追梦的道路上，会有许多帮助你的人，也许是父母，也许是老师，他们会帮助你确立自身的价值，帮助你找到前进勇气，把你带到更高的层次。如果你有应该向他们展现的那些品质，承认你需要他们的帮助才能寻求到最美好的东西，那么就向他们请教。

每一天梦想练习

·认真对待每一天·

›感 知

用欢乐来迷惑一个人的视线，摧毁他的意志。这是怎样的一种误解啊！

›沉 思

现在看来，有件事是显而易见的：只有心静如水，对来自内在和外界的一切干扰免疫，思想才能探测并达到足够的深度，并克服恐惧，获得最终的自由。如果这对我来说比较吃力，那么就应该好好地审视自己的生活状态了。为什么内心一直躁动不安，无法平静？对很多事情漠不关心，尤其是势单力薄的群体、动物，无论他（它）们怎样，我都无动于衷，是这样吗？

›冥 想

继续进行鼻尖专注力的呼吸调息。不断提高冥想技巧，使之臻于完美，对于练习是非常重要的。不过，不要老是想要迅速看到绩效。在适当的时候，绩效会自然而生地发生的。只是单纯地静心，一丝不苟地完成所有的练习程序，不应别具用心，有所期盼。练习中发生过的，以及将要发生的事都不重要，甚至启迪的念想也可暂时抛到一边。每一天都是新的，每一天都需要认真对待。

值得在乎的不是时间的长短，而是过程进行得是否完整，是否浑然一体。对于最终的结果，无须杞人忧天。就当借此机会做一件完美无瑕的事，当你完成时，整个事件过程无懈可击。而你尽情享受的是过程，并不看重结果。把每一分钟都当成千载难逢的时机，慎重地利用。没有对过去的念念不忘，也不会对未来痴痴等待，就做好现在，此时此刻。

·尝试改变自己的生活习惯·

> 感 知

顺流而下，随波逐流；逆流而上，乘风破浪。两者有什么不同吗？

> 沉 思

我静下心来，好好地看看在这世上，我想要得到的事物是什么以及为此付出了哪些努力。最后发现，跟他人无异，我想要的是幸福。但问题是，什么能够令我高兴呢？哪些东西只会束缚、牵绊我呢？有一点可以确定，就是做出判断、加以选择无疑是要运用睿智的眼光和敏锐的感知力。

> 冥 想

练习一段时间后，思想变得比较平静、安定，注意力很少分散开来，这时候，你会发现生活方式能够影响到冥想的质量。可多尝试几件事，比如改变居住环境、娱乐休闲活动，或者转换办公地点和饮食习惯等。观察自己和他人讲话时的方式以及一般的交谈话题。你的朋友是哪些人？平时你所结交和仰慕的对象都是什么样的人物呢？你是否格外关注自身的仪表和外貌？生活中，你是积极进取还是得过且过呢？所有这些问题的答案都会影响到你对专注力的训练，但是除了从内在寻找解决方案之外，无现成的规则可循。对自己的生活现状和动向保持严密的关注，观察不妨做到入木三分。牵涉到个人意图时，要实事求是，不可欺骗自己。不能获取理想的事物时，看看自己那个时候的真实感觉以及如何应对这种感觉的。事情的实质就是体验并感知这一切。在此探寻过程中千万不要偷工减料，敷衍了事。继续进行鼻尖专注力的练习。

·抓住眼前的片刻，主宰自我·

›感 知

开端珍贵如无价之宝；结局则神圣不可亵渎。

›沉 思

时至今日，我终于明白，成功的背后潜伏着失败的危机；而失败的土壤中成功破土而出。成败互为因果，两相牵引。没有永远的成功者，也没有永远的失败者。就像行走于沙滩所留下的足印，无论我多么小心翼翼，多么锲而不舍，印记都会随着潮起潮落，归入无痕。

›冥 想

当你努力专注心神的时候，杂乱的思绪可能久久萦回，产生干扰；但随着练习的深入和进展，一种难言的平衡和静心会占据你的思想，这些纷乱的心绪也随之消失。那时候，生命仿佛发生脱胎换骨般的变化，脑海中的一切想法、思绪奇迹般地终止，思想进入一片纯净、空无。这种状态转瞬即逝，称得上是可望而不可即。不是苦苦寻求能达到的，只能在潜移默化中慢慢获取。可能你根本没打算改变自身，也不想要弄清楚某些事情，但在电光火石间，它就发生了。一旦降临，便以不可阻挡的力量浸没你。继续鼻尖专注力的练习，将注意力集中于鼻尖部位。

· 脚踏实地地埋头努力 ·

›感 知

不计较回报，脚踏实地地埋头努力一定会唤醒感悟。

›沉 思

我的练习是一场与自私无关的奋斗历程。名义上我是在研究自己的大脑，其实是在研究每一个人的大脑。我的欲望、对他人厌恶的情绪，以及对真理的误解与你的欲望、厌恶、误解本体上一样的。因此，练习并不是我个人的事情，而是关乎整个人类。

›冥 想

冥想过程中，将注意力集中于此时此刻，没有过去也没有未来，此时此刻就是根本。这样日复一日，体验和感知的能力会在不经意间自然提升。生活、人生也即如此，抓住眼前的片刻，此时此地你完全掌控自己，主宰着自身的一举一动。完全地专注于"我"念，等待着那一刻的到来。

·痛快地活出真实自我·

› 感 知

虚假的谦恭不过是装腔作势，同时也是自欺欺人。

› 沉 思

我装腔作势时就显得非常虚伪。说一些言不由衷的话，做一些虚情假意的事（装模作样、投机取巧，人格大打折扣），表现得根本不像自己。姑且不论表现自我有多可怕，为什么做真正的我让我这么害怕呢？我就像一个胆小鬼，唯唯诺诺，不敢爱不敢恨，不敢痛快地活着，从而引起他人的误解。这样看来似乎不合时宜。其实不就是撒谎吗？只不过不易察觉罢了。如果我能坦然面对自我，遵从自己的心意做事，至少能看清楚问题的症结所在，也好对症下药。唯一的问题就是：如果不再欺骗自己，我只有挺起胸膛，勇敢地承担起自己的人生，除此以外别无选择！

› 冥 想

冥想过程中，放松身心，处于最舒服、自然的状态。如果心脏感到任何不适，比如心悸、胸闷气短等，很明显，你的身体没有完全放松，动作或姿势发生了错误。如果发现这种情况，应立刻停下来，随着呼吸，在一呼一吸中调整身心，使身体完全放松下来。然后重新开始练习，将放松贯穿于练习始终。心情平静、安宁，更应该是一种默默的观照，而不是心浮气躁，迫切地盼望着得到什么。就像等待日出，是静静地等待第一缕霞光的出现，而不是迫不及待地将太阳拖拽出来。千万不要急躁，不要抗争，因为这些都无济于事，说不定还适得其反，影响练习进程。仿佛一座行将倒塌的大厦，而你却在为其添砖加瓦——不过是徒劳一场。继续进行鼻尖专注力的练习。

·放弃一些多余的事情·

›感知

　　推开所有事情，一件也不剩，保持完全的空无。

›沉思

　　我感觉自己正慢慢放弃一些事物。虽然我并不知道什么叫作放弃或者说放弃了什么，但是我确确实实地看见一些事物被抛在了身后，而我则感觉到了一种前所未有的轻松。

›冥想

　　这种持续的感悟练习，连续不断，不带任何偏见，应该被完好无损地保存着。不然，你永远不可能获得进一步的体悟。只有这种坚持不懈、不受间断的意识力才能产生出具有穿透力的感悟，从而敏锐地看清自我，以及精神和身体上出现的空无状态。如果不亲自经历和体验，这些现象是很难理解的。一个人若不具备训练有素的大脑，如何能够理解本真的浩瀚无垠呢？今天，完成预备练习后剩下来的时间都进行感悟练习，看着各种思想、幻想、情绪升起、经过、消失。你只要静静地坐着即可，带着完全敞开的心扉和空明的内在天空。

· 锲而不舍地朝目标前进 ·

›感 知

以结束生命来逃避绝不是解决问题的方法，问题还是原封不动，未得到任何解决。

›沉 思

虽然身体给我带来了数不胜数的麻烦和困扰，但是除非是寿终正寝，不然我是不会自己结束自己的生命的。并不是说随着生命的结束，问题就能一了百了，很多事情并不能如我所想，相反在生命消逝后有可能会雪上加霜。我在物质的世界中找不到欢乐，精神的世界里也得不到安慰，于是陷入了深深的绝望。尽管如此，我还是会锲而不舍。无论要花多长时间，都会坚定地向着目标走下去。我知道，最后一定出现重大的转折，就此改变我的命运。然后，我就可以施教于他人。但是，在此之前，我只要将练习坚持不懈地进行下去即可。现在，只有等待，痛苦难捱的等待。

›冥 想

在日常活动中，保持感悟完好无损，不受丝毫干扰。在每一个清醒的时刻进行感悟练习，直到你能够直接面对自我。

· 镇定平稳，处变不惊 ·

›感 知

女人曾经愚蠢地以为自己是圣洁贞德之辈；现在，她拥有了一双充满智慧的眼睛。

›沉 思

开悟的最后一个特征就是镇定平稳，处惊不乱，泰然自若。万物众生，一视同仁。用同样的眼光打量世界上的每件事物，加以识别和区分，但是不带任何偏见和判断。是大悲大喜后的镇静剂，是沉着内敛，是超越常规的行动和反应，并且保持一种不受到任何限制的自由平衡。

›冥 想

全心全意观察"我"念的同时，很难再产生出其他的思绪。在你面前的只有纯粹的"我"念。时刻与它同在，否则稍有空隙，各种各样的思绪会蜂拥而至。你必须把心神完全隔离在诸如此类的思绪之外，包括"我"念。为了做到这一点，有时候你必须要放弃一些东西，才能仔细体验精神本体。除此以外，你还得与自己的精神本体合二为一，你就是它，它就是你。

·坚守信念，不断进取·

›感 知

　　黑暗中的旅行因为有信念伴随，有感悟护卫，所以脚步非常坚定，永不退却。

›沉 思

　　我惊奇地发现大脑能够在意识非常清楚的同时，出现一片空无的状态。但是，这种空无并不是我熟悉的那种虚无、空洞。相反，其中充满了生命力，活力四射。

›冥 想

　　虽然无尽的意念状态超越了你的想象，到达一种前所未有的境界，但还是有值得怀疑的地方存在。继续将注意力集中于无尽的意念。

第 7 章

扫清梦想路上的5大障碍，梦想开始了就别停下来

恐惧是阻止你实现梦想的元凶

在创造梦想生活的过程中，你不可避免地要经历各种各样的艰难险阻，有时候遇到的，甚至是超乎寻常的困难。当我们在挑战自我中发展时，暂时的障碍自然会妨碍我们前进。战胜这种挑战的关键是预知这种可能性，事先为此做好准备。

恐惧是一个很好理解的障碍和拦路虎，我们大多数人都常常碰到。它是我们这个物种生存中原始的、天生的特质——经典的"打"或者"跑"的本能。特别是在面对变化时，恐惧往往开始抬头，因为变化从定义上说还是不为人知的。每个人都理解恐惧的感觉，虽然并不是每个人都能够接受并面对恐惧——无论它是什么。这种感情是可以承认的，也是在一个人勇往直前的时候可以克服的。

承认有恐惧在文化上和社会心理上都是不可接受的，而我们将它隐藏起来又产生了不少麻烦。很多人的经验告诉我们，不是恐惧使人停下来，而是隐藏恐惧本身。因为隐藏恐惧费了不少能量，直接面对它、承认它人就害怕了。

一旦你承认有恐惧，所有隐藏它所需要的能量就都被解放出来了。

这里我们可以做一个练习，问自己"如果我不害怕，我就___"，然后填空。

这个练习帮你直接找到对你重要的东西。这就像在门后放了一样东西，你只有打开门，才能看清站在你面前的是什么东西。如果你总是怀有恐惧，你就永远不会知道门后放的是什么。

恐惧使人屈服或者退却，甚至可以让人无法开始新生活，我们可能因为恐惧选择不了自己的核心价值，选择躲藏恐惧的一种生活方式。我们能够避免在恐惧中畏畏缩缩的生活，因为恐惧总是要面对的。既然恐惧挥之不去，我们就可以在核心价值基础上利用我们学到的技能跨越这种障碍。

C 向自我宣战，跳脱自我贬抑

成功的过程会产生自我障碍，自我障碍又会给失败以可乘之机。每个人在潜意识里都想成功，但是如果你在现在或是过去的环境中表现出缺乏成功、财富或者平衡的情绪，那么这就会变成你习以为常的情感取向。

在发掘你的能量的时候，创建一个持续个人发展的环境，你才会经历你从来没有经历过的积极变化。

不要低估你的能力，有了新的技能你就会有更大的成就。在你不断努力让自己确信你终会成功的时候，第一次成功会导致焦虑、不安、不知所措。这会使你很不适应，不要低估你打破这种不适应的状态并把它转变为适应状态的能力。

　　这里有一个例子。有一个推销员通过自己的努力，习惯了每月得到 5500 元的工资。在习得新的技能后，这个推销员开始拿每月 1 万元的工资。他简直不敢相信，因为按照常规的观点，这已经是奇迹了。他一直做下去，成绩很好，佣金也越拿越多了。但是，往往许多其他的情感随着这个进步应运而生。大多数人没有维持这个新的成就水平或者收入，又回到了原来的水平或者更少的收入，回到了更加熟悉的境况。

　　如果你不懂得从你的核心价值产生能量，不通过你的意识三角行事，不懂得你必须主动地设计你的梦想生活，回到原来的情感取向的愿望就会遭到破坏，所以你必须事先明白，有时候前进的道路不会平坦，你得坚持下去，尽管会遇到意想不到的变化。

　　发展和维持变化的关键是要知道你内心发生的情感。对我们大多数人来说，努力回到从前的水平是我们的情感取向，而维持这种变化却不是我们的情感取向。这种趋向破坏现在的变化，使我们回到从前的水平中去。为了保持这种变化，我们必须首先明白奋斗的必要性。我们要应对情感取向，挖掘我们的核心价值，了解旧的核心价值，继续向前——即使面对阻止我们向前的各种因素。

如果他人不支持你，你不要感到伤心，不要多愁善感。因为他们不想让你变化，这意味着他们是从自己的角度来看问题的。

C 颠覆固化思维，做复杂时代的追梦人

在你明白核心价值之前，植根于你身上且多年习惯的思维方式是一个很大的障碍。比如：

成功当然好，只是不要太成功。

成功当然好，只是不要超过我父母亲。

成功当然好，只是不要超过我认识的人——家人、朋友。

人们不会为我的成功鼓掌的，他们巴不得我倒霉。

我不应该爬得太高，一个袋子里不要装得太多。

除了这些限制性的思维之外，你可能还接受了其他的思维方式：

生活是奋斗。

生活应该是艰苦的。

如果生活不困难，一定是什么地方弄错了。

如果事情进行得太顺利，一定要当心，因为坏的事情很快就要来临。

生活永远不是轻松和愉快的。

如果你与家人、父母、祖父母或者其他从艰苦时代过来的人一起长大，这些约束性的思维可能对你的影响较大：

每一个人都不能得到足够的东西。

我可能得不到足够的东西。

我不该拿到我那一份儿。

永远都不会有足够的东西。

别人可能有足够的东西，可我不会有。

如果你在一个严格控制的环境中长大，你可能已经接受了限制你向前采取行动的能力：

产品或者想法都不是完美的，所以我们不能把它付诸实施。

如果不对，我最好别写上我的名字。

我还没有准备好（我永远也不会去准备）。

我要进一步研究一下。我不知道这是否管用。

请注意，这些思维都是限制性的、自我否定的。这些思维只能产生焦虑、害怕、羞愧、负罪感和其他减少获得幸福、平衡和财富的机会的负面情感。

自卑的心理会产生安于现状的行为。如果抱着"我什么事都干不成"的想法，你就会使之成为现实。这个想法从核心上讲是失败的信念。假如你抱着"每一个人都应该得到他所应得的东西，我不行"的想法（负面的零值心理），它就会在你身上造成一个你永远都要背着的沉重包袱——它会变成现实。你实现了你自己念叨的生活。

你应该选择一个激动的、精力充沛的、创造性的生活方式，一个与上述自我否定的思维完全不同的信念，你的信念可能就是：我应该得到成功——幸福、平衡和财富——我的成功是由我希望走多远而决定的。

我的成功没有限制，别人也可以做到。

生活是充满幸福的，是要享受的。

如果有冲突，我知道怎样处理并从中获得经验。

对我和他人来说，任何东西都取之不尽——我有责任得到它们。

我不需要完美——我想与世人共享我现在的所有。

我要发展，在发展的道路上每前进一步我就要奉献更多的东西。

抱着或者继续抱着自我否定的想法并没有什么益处。如果可以在成功的思想和失败的信念中进行选择，为什么要沉湎于自我否定呢？你的潜意识是不能区分的，只有你自己能够对你所倾注的情感负责。再看看梦想板，提醒你自己不要忘记你的梦想生活，对自己说你应该过梦想的生活。

◯ 能量不足梦想助力，哪里有梦想哪里就有激情

在你选择新的行动——职业变化、新的事业等时，你可能会缺乏能量。在此情况下，你要运用意识三角的力量，找出你对这个事业的感觉。你需要高能量，把它运用到你的新事业中去。如果你感觉不到那种能量，那就是一个红色警报，表示你做这个事业是因为其他的原因，如为了尽义务或回到旧的情感取向中去。如果你对新事业感到困惑不解，要注意这个问题是一个重要的警告信号。

我们所做的选择要非常明确，以确保我们明白我们所从事的事业。你对局面的各个方面看得越清楚，你对要做的事情的选择余地就越大。有意识地或者有头脑地生活是一生成功的关键因素。我们与环境打交道，与人打交道，与计划打交道，与挑战打交道。看得越清楚，行动就越有效。我们需要把看清形势作为最佳选择，这就是说要有意识地生活。

你必须要有足够的热情和激情，才能创造持续变化，突破必然要出现的冲突和障碍。你应该在从事你热爱的事业之前就远离消耗你能量的事业。如果预期的事业不能产生高能量的感觉，你需重新评估一下，用你的核心价值来检验，看看你是否可以找到更合适的。

这里有一个例子：一位女士在一家律师事务所工作多年，坚持储蓄，自己的财务状况安全而良好。她周期性地涉猎她的抱负——房地产和写作。她私下曾想辞掉工作，想更主动地从事写作和投资房地产。当她从事投资和写作时，抱负和激情从她的心中产生，她问："我该辞掉工作吗？"

这位女士面临着挑战，什么都不做就毫无结果，她需要发掘她的抱负。

90%的追求者都从"我的抱负是什么"这个问题开始。我们在弄清楚这个基本问题之前，其余的就是做琐碎的练习。你要把脑海里所有的能量都集中释放出来。

这不是说我们不想注意长远目标，而是说每个人都可以创造梦想生活，而开始通常是最大的障碍。

既然你已经准备来发掘你的梦想，现在该运用意识三角的力量了。什么是你最强的状态呢？你是一个感觉者、思想者还是一个实干者？要把3个需要的哪一个放进等式，来创建一个可求得最大成功机会的全面计划呢？

不管哪一方面的力量最大都没有关系，这个过程仍然可行：

首先，我们发现我们感觉强烈的东西。

然后，我们思考具体的计划。

最后，我们必须采取必要的行动来实施这个计划。

假定我们想寻求职业变化。在多年为他人工作取得不同程度的成功之后，过去的成绩已经不足为奇，热情不再。你决定敲定你自己的计划。通过上面的练习，你重新发现了个人发展和内心发展的抱负。你知道你不可以再待在现在的位置上，这个位置不再留得住你，也不能使你有成就感，因为它不是你核心价值的一部分，幸福会从你身边溜走。

你使用意识三角的力量衡量你充满激情的想法，你运用思想者来加工这个想法，决定这是一个工作、一个产品或者是他人需要的有价值的服务。这有意义吗？有市场吗？社会用它做交换吗？你能够确保成功吗？

如果你能做肯定的回答，那么运用实干者创建一个行动计划并实施。在这个过程中，保持感觉者的热情来驱使你的激动心情和思想者的逻辑、理性，确保行动的每一步都要做好。

所有意识三角的成分都在你的核心价值的基础上协调一致，从为你创造梦想生活——你能量的终极上反映出来。

◖ 颠覆平庸，从面对现状开始

许多人因为不能实现另一种生活而对自己的现状不满。他们对自己说："如果不是 _____（在这里填上现在的状况），我会追求我的抱负，追逐我的梦想。"现状可以是任何境况：

李丽认为她在从事康复治疗工作方面有天赋，然而，她丈夫不相信她能够做这项工作，于是她就什么也没做。

林傲宣布他准备实现自己的抱负，想开一家自己的公司，但是因为地震、离婚以及孩子生病而作罢。

张静是一个有两个孩子的已婚母亲，想在房地产业里一显身手。她在讲到这个想法时激动不已，但是她说她没钱投资自己要做的事业。

人们经常想，然而仅限于想，因为他们相信，想了就等于做了，所以就什么也没做。如果你想改变你的生活，改变你的感触，你就要做一些不同的事情。你需要开始行动，否则就肯定看不到变化。

每个人都有现状。不管你的现状如何，不管它如何真实，如何具有挑战性，都要应对。这些障碍要么阻碍你的追求，要么直接成为实现你的追求的挑战，这种状况没有人能够避免。

你一旦在核心价值的基础上发现了抱负，现状对你的阻碍就小多了，因为追求你抱负的突出愿望占了上风，这个抱负可以把现状从障碍变为纯粹的速度加速器。

每一天梦想练习

·停止恐惧与彷徨·

›感知

等待。

›沉思

上班时，我四处奔波，忙得团团转，担心自己不够优秀，生怕分内的工作不能及时完成；下班后，又马不停蹄地赶回家，生怕浪费掉宝贵的个人时间，哪怕是一点点。如果有一天，所有的担惊受怕神奇般地消失了，我还会再受到伤害吗？

›冥想

吸气时，将注意力集中于鼻腔，感觉气流的通过。即使是在训练专注力的过程中，也要知道这样做仅仅是提供一个总体的视角和体验，只是一瞬间的意念和感知。冥想时，如果感觉到有别的思绪干扰了练习，使得注意力偏离了冥想对象，应不动声色地将思绪拉回，重新回到原位。谨记注意力集中的部位，逐渐熟悉脑海中来来去去的念头和想法。实际上它们升起、消失的模式是有规律可循的，只要用心摸索，就可以控制它们。然后，因势利导，从而促进练习的进展。

· 铲除内心的犹豫和怀疑 ·

› 感 知

梦境与现实，两者交织游离，仿佛触手可及，伸出手，才发觉是镜花水月。这就是我们的生活。

› 沉 思

有时候，感觉生活失去了重心，应付起来有力不从心的感觉，而且也毫无成就感。一路磕磕绊绊而来，日子迅速退回到过去，仿佛什么都没发生过，如雪泥鸿爪。逝者如斯夫！我这样活着究竟有什么意义呢？

› 冥 想

初学冥想，可能会有诸多不满，经常感觉枯燥无聊，提不起兴趣。这时候，怀疑乘虚而入，让你对练习失去了信心。在质疑产生的最初，你可能只注意到整个冥想过程的漫长和无聊，练习仿佛波澜不惊地进行着。练习中，会不可避免地出现这种空洞的阶段。其实，在不知不觉中，笼罩你的重重疑云已逐渐变淡、消失。一定要知道，静心的努力不会付诸流水。即使暂时没有显著的成效，但是从长期来看，冥想无疑会对精神世界产生积极的作用。从这一点来说，冥想的意义深远。判断是否取得进步仅依靠人的感觉来是不可行的。所以，不要试图评价自己的成绩。继续注意力集中于鼻尖部位的呼吸调息。

·克服恶习，超越自我·

›感 知

只有清明的思想才具有穿透力，可以抵达内心深处。

›沉 思

从毒品、酒精中寻求慰藉，心中反而会更加迷惘，乱糟糟的，更加没有获得自由的机会。除非我舍弃对毒品、酒精的迷恋，否则，如何抓住这一刻，纯净且珍贵的一刻，看清事实的本质？人的习惯是很难打破的，日子久了习惯就成了我的老朋友，很难与之断交。但是，必须要克服，要超越。我不能老是徘徊不前。

›冥 想

精神世界渴望宁静，但是大脑安静和空无的时候，总会想到纷繁复杂的凡尘世事。思绪千方百计地从各种渠道溜出去，这并不是关于练习的个人问题，对于要长期坚持的练习者来讲，答案是非常重要的。当你与他人讨论在冥想过程中的体验时，积聚的精神"气"会逐渐消散、溶解。实际上，你应当单独与空无面面相对，所以，日常冥想练习中，找一处僻静的所在，争取做一名闹市中的"隐士"。

·推倒封闭自我的高墙·

›感 知

泪水顺着面颊潸然而下，她抬头仰望，祈求上天的怜悯和护佑。

›沉 思

向他人张口求助，对我来说，非常困难；相比较而言，对他人伸出援助之手却容易得多，为什么会是这样呢？也许，我不愿意自己在别人眼里是感性且脆弱的？由于缺乏安全感而在身边筑起一座高墙，或许这高墙封闭住的正是我自己？不先变得感性、坚韧，能够真正去爱吗？

›冥 想

冥想不再受到大脑活动的干扰时，你就能完全将注意力集中于冥想对象，全身心沉浸于其中。这是一种稳定的专注，就像击钟之后源源不绝的余响，与敲击钟发出的声响是不同的。这种沉浸，就为思想上的精进和提升打下了良好的基础。练习过程中，让一切自然发生，不带任何功利性想法。你唯一需要做的就是集中心神；即使大脑能够保持持续的专注后，也要静心。实际上，你只需要做好一件事——专注。继续进行鼻尖专注力的练习。

· 根除消极思想的本源 ·

〉感知

前行的途中杀出了 5 个拦路虎，阻挡了我的脚步。

〉沉思

我以为某些事物可以点亮人生，所以苦苦追求无法释手；对他人总是抱有敌意，成天昏昏欲睡，对事一副漠不关心的模样，而且精神萎靡；此外，行事时忧心忡忡、三心二意、愤世嫉俗、疑神疑鬼，所有这些构成了我的生活，因此我活得非常沉重。但是，到底其中哪一个起着主导作用呢？我必须找到答案。只有到那时候，我才不需要拼命压抑它，而是将之视为不可逃避的事实去接纳、容忍。一味地压抑，可能只会适得其反，始终无法彻底解脱。因此，我下定决心，一定要追根究底找出本源，将之公布于众；然后仔细分析其来龙去脉，直到对它烂熟于心。

〉冥想

思想来来去去，其实是有规则可循的，而且还能预示和表现着练习的进展。所以在冥想过程中，要留意思想的产生、发展模式。记住：冥想过程中放松身体的每一个部位，同时继续鼻尖专注力的练习。

· 克制愤怒的情绪 ·

›感 知

　　你永远不会为了别人而生气；生气都源于你自身。

›沉 思

　　现在，当愤怒的情绪浮出来时，我已经逐渐学会观察它了。听之任之，看着它升起，感受到它确实存在我的身体里：血压升高、心率加速、头脑发热，有一股强烈的占有欲冲击着我，想要呼风唤雨、随心所欲。我还密切地观察愤怒的结果：生气后，我变得心力交瘁，很长一段时间都处于疲惫无力的状态；而且生气时，经常迁怒于他人，随便找出气筒，所以身边的人也跟着遭罪。在那些不无遗憾的时刻中，自我消失了，取而代之的是彻头彻尾的愤怒因子——它就在身边，不可抗拒，无法逃避。如果置若罔闻，甚至拒绝承认它的存在，那么完全就是自欺欺人了。

›冥 想

　　冥想过程中，观照呼吸，感觉气流在身体内循环流动、通畅无阻，看看会发生哪些细微的变化。此时，你正学习如何观照，先是呼吸，然后是思想活动，逐渐深入。无论冥想中看到或是听到什么，都应一丝不苟地去体验，这样循序渐进，自己的情绪、感情波动也会逐渐接受你的观照。继续进行鼻尖专注力的练习。

·在逆境中磨砺自我·

›感 知

对每个事物都怀有质疑、探究的心理。

›沉 思

除非有一天，我感觉到自己的精神生活陷入了危险境地，一种前所未有的危机感蔓延开来。只有这个时候，这种体验才能让练习继续深入。而现在，我的生活舒适、安逸，几乎接近于颓废，想要获得岌岌可危的感受似乎不太可能。大脑总是想入非非，试图从欲望满盈的世界中寻求刺激，并且无视基本的现实状况而陷入其中不能自拔。只有在大难来临的时候，我骚动的内心才会平息。练习一开始的时候，我对此就非常清楚。因此，我别无选择，只有暂时从熟悉的生活中逃遁出来，给躁动不安的内心寻找一方静谧的土地。一旦内在的世界达到一定的平和后，我就会以一双全新的眼睛审视尘世，并且不打算回头，执着地走下去。

›冥 想

专心致志地练习，千万不要三心二意。

·从根本上改正自己的缺陷·

›感知

尝试的过程中布满矛盾和冲突。

›沉思

我没有办法做到直接改变自我。太过莽撞激烈了，好像在扼杀自己。但是，如果自我改变不了，该如何是好呢？凄凄惨惨，惶恐度日？不！我会以间接的方法去面对这个问题，悄悄从后门潜入，乘其不备给予其一击，从根处摧毁我所不满意的自我部分。一劳永逸，而不只是在表面做花里胡哨的工作。我会停下来，真诚地、深入地观察自己。我相信，只有发自内心的观照，才能够产生出巨大的力量促使自我改变；如果盲目行事，掉以轻心，事情反倒会变得更糟。

›冥想

在日常事务中，如果发现自己总是心不在焉，不要觉得惊讶。曾经，你奔波于生活，不亦乐乎；现在，大脑的活动和内容已经大有不同，一度占据主导的特质和情绪也不复存在。不过，一切都会好起来。继续准确无误地实行练习，让种种非同寻常的事情自行淘汰。继续进行专注力的练习。

· 在困境中精进 ·

›感 知

上升、平衡、消亡，这似乎是世间万物共同的宿命，亘古不变。

›沉 思

当生活遭遇危机，陷入困境时，冥想的程度会更加深入。我对此深有体会。生活，冥想，我知道，确实是这么一回事。

›冥 想

在这无边无际地漫延着的空间中，你的每一个感觉都模糊起来。身体的官能减退，变得迟缓，物质于是也就自行消失了。继续将注意力集中于无边的空间。

第 8 章

你的世界，终将由你创造

⬤ 持续行动，梦想才生动

最后，为了得到一种结果，我们必须采取行动。本书阐述的内容为你提供了明确的目标、途径、方法和许许多多的鼓励，有助于你成功，但是如果不采取行动什么都没有用。

许多人不为他们自己的目标承担责任，不为他们实现自己的抱负负责，也不为解决自己的生活难题负责。他们梦想着有一个贵人来使他们免于思考，免于奋斗，把所有的事情摆平，抚平儿时的伤痛，使他生活得自自在在、舒舒服服。在此，你必须明白：

"没有人来。"

"没有人来救我们。"

"没有人来替你享受，也没有人来替你承担责任。我们都要为自己的生活和幸福承担责任。"

"没有人来救你。"

坐着不动，怨天尤人，等着他人说："啊，你是多么、多么、多么可怜！我来替你把所有的事情都摆平吧。"这是一种可悲的、愚蠢的生活方式。这种事情不会发生。如果你不做出行动，那么一切都好不了。

这一章是呼吁读者付诸行动，将书中提到的方法应用到你的生活中去。他人不能给予你魔法，让你找到你的核心价值，向自己和他人宣布你的核心价值。他人不能指出你的情感取向，也不能告诉你在你的意识三角里哪一个是你的主导特征。但你要知道的是创造你的梦想生活是一个旅程，一个过程，它包括奇迹和工作，希望你在更少的学术理解上建立你的事业，你走上发展之路时得到更多的经历，发掘出更多的情感。

许多人因为拥有当时符合时势需要的技能而达到某一高度。他们恐惧的是，他们发现前些年所知道的东西现在不需要了，而现在需要的东西他们又没有，这又是持续发展对心理和智力的挑战。

我们必须在发展之路开始时就为长远做打算。没有什么事情容易做，特别是把梦想变成现实的事业。现在这个时代比以往任何时候对我们的要求都要多。今天，要想成就辉煌，我们必须有追求。

在我们所生活的新时代，它要求我们学习、不间断地学习，并把学习当作一生的事业。我们需要在人际社交技巧、情感智慧、社会智慧、与他人有效地工作的能力，以及良好的口头和笔头沟通技能等方面提高能力。具有高水平的笔头和口头技能的人在公司里比不具备这些技能的人要提升得快。在信息时代、经济社会，如果你想有大作为，现在就需要掌握各种知识和工具。

机会就在眼前，我们要行动起来。

◐ 设立疯狂的梦想，成为领先的少数人——乔启晨的故事（续）

几乎就在回家路上顿悟的同时，乔启晨慢慢认识到他需要在个人发展方面做些事情。虽然他以前也有许多次这样想过，但这次是他第一次听从内心的想法，区别在于他不再想做那个乖巧听话的好孩子，不再否定自己的感情了。由于明白了自己的情感期待，他知道他可以以自己的核心价值为基础追求自己的生活了，他开始用意识三角的力量为自己的生活做决定了。

乔启晨与好朋友林默峰进行了一系列的讨论。林默峰也处在个人发展阶段，他们对未来都怀有希望和梦想，又有相似的工作背景——都曾在物流业打拼过。虽然他们都曾做得很成功，但是对于回到老本行没有什么兴趣。

他们是在行业洽谈会上认识的，多年来一直保持着亲密友好的朋友关系。两人对创意产品有着同样的兴趣。经过多次交流之后，他们达成了一个共识。乔启晨对林默峰说："如果我们能够把个人发展作为一生的工作不是很好吗？"

之后，乔启晨开始思索这个事业是怎么样的。他考虑做一个类似生活趣味创意公司。他的一个朋友想做与此相似的事业，但他却赔了 100 万元。他仔细研究了他的经历，认识到他必须利用自己的意识特点和手中的人脉及时做好计划才不会失败，并抽出时间来开始系统地筹划。

乔启晨是从清晰地定义自己的核心价值和宣布核心价值开始的。他生活的核心价值是这样的：

个人发展。我持续不断地进行自学，我看好书，主持和参加电话会议，我有一个给予我可靠保证的培训。我的职业是有关创意设计的，并愿意与人分享创作。

卓越的伴侣关系。我的妻子和我志趣相投，从有了孩子以来，孩子就成了我们两个人共同的动力。

致力于生活的目标。我完全有目地致力于个人发展，致力于我自己的和我可以帮助的人的个人发展。

可靠性。在我融合的生活方式中，我对我的行为和结果负责。没有其他人为我所做的负责。

自我展示。我展示我自己，在工作、讲话和指导的过程中让他人知道一个实实在在的我。

推理或理性。凡事必须对我有意义，不通过理智产生的想法或感情是不理性的，就像是婴儿哭奶一样，这对婴儿无可厚非，可大人若这样就不像话了。

这些就是乔启晨一生中无意识的核心价值。通过有意识地选择、写下、宣布这些核心价值，一个新的世界展现在他的面前。按照这些核心价值进行生活，他就容易决定该做什么和不该做什么了。

乔启晨还和他的妻子就他们过的是否是他们想要的生活进行了探讨。他们用自己新的视角开始问他们现在住的地方是否是该住的地方。在一个快节奏大压力的北京生活了10年，他们的回答是：不是。

于是，他们对他们的梦想生活需要的东西列了一个清单，如下面这些：

大院子，孩子们可以在那里玩。

在后门有水，停有一艘小船。

地形开阔，能够看到星星，而不是城市灯光。

有利于孩子们成长的安全之地。

好的学校，最好是公立学校。

由于我们都怕冷，不要有冬天。

生活消费低一些，北京一切都太贵了。

我们能够轻松自在外出游玩。

不用担心高昂的医疗费用。

雇主很容易找到雇员的环境。

融洽舒适的邻里关系。

家庭或者小型办公室形式的网络公司。

虚拟雇员。

财务独立。

他们越精确地定义他们的日常生活，就越清楚他们的梦想生活还是可望而不可即的。

乔启晨与林默峰就后半生不在城里生活进行了相似的对话。林默峰与乔启晨有同感，想脱离大城市生活，回归到生活节奏慢一点的环境中去。他们通过互联网，通过朋友，通过阅读向往之地的介绍，通过家人，还有他们要脱胎而出的创意公司，广泛地寻找理想的生活之地。虽然他们还没有正式创立，但是种下了种子，创造我们梦想生活的概念开始发芽。

乔启晨很清楚运用意识三角的力量，理解自己的情感取向，使用前面几章里列举的方法来选择核心价值就能创造他的梦想生活。

在书的最后，希望你能及时地重视内心的潜能，做一些必要的工作来确定你的核心价值，并在这个信息时代学到必要的技能发展起来，采取行动，实现梦想，享受我们生活的美妙时代。

每一天梦想练习

·立刻行动起来·

›感知

立刻行动起来！不要仅在书本中获取有限的体验。说得再好，终究还是纸上谈兵，不如实践来得更有说服力。

›沉思

有些事情会出现在面前并停留，让我仔细打量吗？有些事情毫无来由，也没有去向。有些事情不知道什么时候开始，开始后就没完没了，离结束遥遥无期。还有一些事情深藏于我的内心有待发掘吗？多想撩开面纱一睹其庐山真面目，好好欣赏一番它们的光彩。如果要做到这点，思想必须非常纯洁，内心要非常柔软吧？

›冥想

随着你掌控呼吸和集中注意力的熟练程度越来越高，练习进行起来就越来越游刃有余，种种疑问和怀疑烟消云散。自信心也与日俱增，冥想越来越深刻。自我慢慢消失在你的意念中，身心可以完全放松下来，在练习中享受没有嘈杂、纯粹空无的宁静，不是像练习最初那样感到力不从心。将专注力紧紧锁于呼吸，感觉空气经由鼻腔，进入身体，化作一股生命之气在体内流动，让人处于一种和平宁静的状态之中。然后，继续将注意力集中于鼻尖部位。

· 无畏无悔地追求梦想 ·

› 感 知

追求梦想的人无畏无悔。

› 沉 思

踏上追求启迪的道路需要莫大的勇气。在我的幻想和启迪之间似乎隔着一座陡峭的悬崖，伫立其上很难跨越过去，而且更糟糕的是：我还有严重的恐高症！理智的大脑告诉我这一跨越存在巨大的风险。

› 冥 想

继续进行鼻尖专注力的练习或者将注意力集中于冥想对象进行练习。冥想过程中，如果出现"大脑观照大脑"的现象，一定要竭尽全力去维持这种状态。如果能够重新顺利地寻找到冥想对象，不但有助于本阶段的练习，而且可以帮助开发出下一阶段将要精进的部位和区域。在日常生活中，时刻把冥想对象放在心上。清晨起床后利用几分钟时间练习一下，这样，冥想对象一整天都会盘旋在脑海中。当然，保持专注的同时，在操作机器或开车时要格外注意安全。

· 回想自己哪些变了，哪些没有 ·

> 感 知

看清它的一举一动，但永远不要去寻找、追随。

> 沉 思

冥想过程中，我研究自己的思想。却发现自己的身上逐渐发生了奇妙的变化。谁能相信这种看上去毫不相关的方式能够间接地产生作用和效应？也有些没有改变，但我现在已经清楚地知道：哪些变了，哪些没有。这将把我引向新的方向。

> 冥 想

进行鼻尖专注力的呼吸调息。该部位与人毫无节制的世俗渴望紧密相关，但是奇怪的是，感知和直观意识也由此而生。动与静的神奇结合，而你在束缚和自由两者之间游移。

· 一切都已改变 ·

> 感 知

　　启迪如一张单程票，对它的探寻有去无回。

> 沉 思

　　我再也回不到过去，再也找不到曾经的那个我。景换物移，我也变了，一切不同于以往，都成为变化的俘虏。但是，也许只是事物的形态外表发生改变，对我来说，仿佛没什么区别。因为在我脑海中，改变的是它们投射在我脑海中的影像。我的大脑和思想由若干影像组成，如果想要一探本真的面目，我首先必须要克服它们。当重返故里时，发现朝夕想念的家乡不过是弹丸之地。

> 冥 想

　　以 3 个回合的呼吸开启练习；接下来的时间中，把心脏作为专注的对象。但是，练习以外的时间仍将注意力集中于前额中心。

· 以全新的视角面对现实 ·

›感 知

世界因为有了黑暗才有光明。

›沉 思

此时此刻，就在这里，我内在的世界无所不包。除此之外，还有什么呢？而我唯一需要做的就是观察、观照。夜空看上去深黑似漆。其实在黑暗中充满了光，只是没有电光火石来激发出其中的光亮。我自身是不是也同样如此，由光线包围、填充呢？缺少的不过是用以引火照亮的什物。

›冥 想

宁静具有一种神奇的天赋力量，可以让专注力更加精深。当内心升起对万事万物都若即若离的感觉时，你就获得了全新的视角。之前，很多事情都让你无法释手，念念不忘；因此你总沉湎于内心的世界不得脱身。而现在，你则被赋予了足够的勇气，坦然面对现实。你的世界没有发生任何改变，一如往昔，任你畅游，但是你不再是以前的你——你获得了全新的视角。不要试图去分析、理解这种宁静——无济于事，只要细细地体会即可。继续进行专注力的练习。

·在宁静中开始新的征程·

›感 知

　　曲终人散，一切都结束了？抑或仅仅是个开始？

›沉 思

　　如果说时间有始有终，那么它从哪里开始又是在哪里结束呢？开始和结束都只是时间长河中短暂的一瞬，处于不断的变动中。如果我一直停在开始的地方，不再向前行，那么会怎样？时间的流动会有什么不同吗？也许根本就没有所谓的时间了；也许时间不过是我的幻想而已。

›冥 想

　　难道还有什么状态比宁静更深入吗？毫无疑问，你以为这种宁静已经到了练习的顶峰。事实是，不过刚刚开始！万里征程方踏出微小的一步！

图书在版编目 (CIP) 数据

每天梦想练习 / 吉喆著 . — 北京 : 中国华侨出版
社，2021.3（2021.5 重印）

ISBN 978–7–5113–8331–0

Ⅰ.①每… Ⅱ.①吉… Ⅲ.①成功心理 – 通俗读物
Ⅳ.① B848.4–49

中国版本图书馆 CIP 数据核字（2020）第 200584 号

每天梦想练习

著　　者 / 吉　喆

责任编辑 / 姜薇薇

封面设计 / 冬　凡

版式设计 / 冬　凡

文字编辑 / 史　翔

美术编辑 / 盛小云

经　　销 / 新华书店

开　　本 / 880mm×1230mm　1/32　印张 / 7　字数 / 140 千字

印　　刷 / 三河市华成印务有限公司

版　　次 / 2021 年 3 月第 1 版　　2021 年 5 月第 3 次印刷

书　　号 / ISBN 978–7–5113–8331–0

定　　价 / 38.00 元

中国华侨出版社　北京市朝阳区西坝河东里 77 号楼底商 5 号　邮编：100028
法律顾问：陈鹰律师事务所
发 行 部：（010）88893001　　传　真：（010）62707370
网　　址：www.oveaschin.com　　E–mail：oveaschin@sina.com

如果发现印装质量问题，影响阅读，请与印刷厂联系调换。